# CIA
# スパイ研修

## ある公安調査官の体験記

野田敬生著

現代書館

# 目次



デザイン／渡辺将史

汝《なんぢ》憫《あは》れみ視《み》ることをすべからず生命《いのち》は生命《いのち》　眼《め》は眼《め》　齒《は》は齒《は》　手《て》は手《て》　足《あし》は足《あし》をもて償《つくの》はしむべし

舊約聖書　申命記　第一九章　第二一節

# 序章　ラングレー

やけに明るいと思った。単調で大作りな景色が、薄汚れたガラスの向こうに広がっている。研修生活は未だ数日間とはいえ、慣れない生活と緊張で、昨日もあまり眠れない。目覚まし時計の鳴る三〇分前に目が覚める。

シャワーを浴び、身支度を整える。今日は特別な日だ。ロビーに降り、“safe deposit box”に保管していたパスポートを回収する。

ほかの研修生の姿は、まだロビーにはない。時間は午前八時五分。

一〇分ほど経って、二階のエレベーターからQ氏が姿を現す。昨日までは柔和な印象だったQ氏も、こころなしか緊張しているように感じられる。言葉少なに「おはよう」の挨拶を交わす。

「昨日はよく眠れたか」と言う。

スーツにサングラスがよく似合う。こうしてあらためて見ると、やはり何かただならぬ雰囲気を感じずにはいられない。

ほかの研修生も、三々五々ロビーに現れ、ほぼ約束の時間どおり、全員がロビーに集合した。

〇八：二〇。

ポーチ前の車寄せには、“US GOVERNMENT”のナンバー・プレートが付いた公用車が駐車している。運転手はいつもとかわらぬ様子だ。ノンビリとした調子で、バンのドアを開く。アメリカ人にしても飛び抜けた巨漢で、一見無愛想だが、単調な語り口は幾分ユーモラスで親しみが持てる。

バンはしばらく昨日までと同じコースを辿る。が、今日は途中でハイウェイを脇道に逸れた。鬱蒼とした森を突き抜けてひた走る。〇八：四五ころ、「撮影禁止」の掲示が、一定の間隔をおいて現れ始める。掲示が現れてから、なおも走行する……。

〇八：五〇、前方に巨大な検問ゲートが見える。バンは徐行し、ゲート手前、向かって右側一〇〇メートル付近で停車した。警備員がおもむろに近づいてくる。いったんQ氏が、参加者全員のパスポートを回収する。バンを降りて、一〇〇メートルほど前方の検問所に向かうQ氏。通行許可が下りたようだ。再び車にエンジンがかかる。その間、約二、三分。

〇八：五五、検問ゲート通過。“CIA POLICE”のワッペンを着けた職員が、窓の外を横切る。バンはしばらく徐行し、構内、本部旧庁舎前の中庭で停車した。運転手を除き、全員降車。

平成八年度の研修までは、施設内を車で案内していたのだが、同年一二月二三日に起きた軽トラック本部ゲート突破事件以来、セキュリティーが強化され、許可されなくなったらしい。前方には大講堂が見える。大統領、長官の演説もここで行われる。長官は、今なお、旧庁舎で執務についているという。

旧庁舎に入って右側の壁面には、星印を刻んだモニュメントがある。過去の殉職者を追悼するものだ。しばらく立ち止まるQ氏。

映画でもよく目にするエンブレムが、床面に彩られている。黒人女性の職員が私たちのほうに近づき、濃紺地に〝V〟の記号の入ったＩＤカードを渡す（visitor の意か？）。カードをスーツの上着に着用。見ると、Q氏は〝ＨＯ×××（三桁の数字）〟というカードを、黒人女性は〝ＮＣ×××〟のカードを下げている。応答を待つ。五分後、エレベーター乗車。

〇九：一〇、六階到着。扉が開く。

そこは、瀟洒な部屋だった。テーブルにはコーヒーと洋菓子が並べられている。左手奥に、見てすぐ高官と分かる人物が、足を組んで幾分鷹揚な態度で我々を迎える。一通り握手をした後、投げるようにネーム・カードを渡したのに戸惑う。少し苛立っているようにも見えた。予定の時刻より一〇分ほど遅刻したためかもしれない。

挨拶もそこそこに、その人物は早口のブリーフィングをはじめた。

「私は、アメリカ情報機構、中央情報長官（ＤＣＩ。ＣＩＡ長官が兼務。第二章参照）の補佐官であり、情報収集担当の Charles E. Allen である。早速、本国の情報機構についてブリーフィングする……」

アメリカ中央情報局情報分析研修——私が、その研修に参加したのは平成一〇年六月のことである。公安調査庁から派遣された私たち七名は、その夏、特別な体験をすることになった――。

*

本書は、公安調査庁がCIAに委託して行っている、「情報分析研修」についての記録である。併せて、公安庁と、CIAをはじめとする外国情報機関の関係について、解説している。

読者の中には、本書のような内容を世に問うことについて、その当否、著者の安否などについて、疑問や危惧を抱かれる向きもあるだろう。公安庁の活動自体、秘密のヴェールに包まれがちな上に、公安庁がCIAに職員を研修派遣していること、さらにその内容について具体的に明らかにするのであるから、少なからず物議を醸すであろうことは著者も十分に承知している。

ではなぜ書くのか?

動機は明快である。とかく〝公安〟であり〝情報機関〟であるといえば、何でも秘密にすることが正当化され、言及することがタブー視される傾向がある。が、これは、日本国憲法で保障された表現の自由に照らしても、極めて問題のある事態ではあるまいか。ましてや、現行法上、本来、破壊活動防止法（破防法）に基づく団体規制機関であるところの公安調査庁が、外国情報機関と情報交換をしたり、研修生を派遣する法的根拠はそれほど明確ではない（平成一一年一二月、「無差別大量殺人行為を行った団体の規制に関する法律」が新たに所管法令に加わったが、以上の点に何ら変わりはない）。わが国が法治国家である以上、〝情報機関〟であることのゆえをもって、どんな活動も法に拘束されず秘密に行うことができるとするならば、やはり異常な事態だと言わざるを得ないであろう。

出版の最大の目的は、情報機関なり情報活動について、正確な情報を提供することで、国民的な関心や議論を高めることにもある。情報機関の活動は、常に秘密主義がつきまとうため、通常、国民の目からは見えにくい。いったん組織が腐敗、堕落すると、何ら改革のメスを入れられることもなく、機能不全に陥った組織が現状維持ないし増殖することとなる。日本は情報後進国と言われて久しいが、一般市民が情報活動について持つイメージが、映画や小説の世界の域を出ず、したがって情報機関改革に有効に関与できないためであろう。

オウム事件以降、一般にもその存在が知られるようになった公安調査庁。現在も新法に基づくオウム規制処分が進められている。その公安庁が、いかなる情報活動を行っているのか、とりわけ外国情報機関とどのような関係にあるのか、実際どの程度の活動レベルにあるのか、公安庁のもう一つの側面について明らかにすることが本書の目的の一つである。

なお、叙述にあたっては、幹部を除いて、現場の担当官レベルについては仮名とし、担当官のプロフィール、研修センターの所在地をはじめとする特定事実など、具体的に明らかにすることで著しく業務に支障を及ぼす恐れがあると推測されるものについては、全体の意味を損なわない程度で、一部変更することとした。最低限の措置としてご容赦願いたい。

# 第一章　行動日誌

ＣＩＡが公安調査庁に対して行っている情報分析研修は、文字どおり、〝分析〟研修であって、〝工作員〟研修ではない。デスクワークの研修である。研修日程も、正味、講義が五日間、ＣＩＡ本部でのブリーフィングが一日という、全体で見ても二週間弱の研修である（なお、本文でも触れるが、警察庁では、別種の研修が、さらに長期間行われているようである）。

講義の内容は、情報分析の技法、報告書作成法などである。講義は示唆に富む内容だが、一般読者にとってはなじみの薄いことだろう。抽象的な情報分析論などよりも、まず、いったい研修全体がどういう様子で行われているのか、関心のあるところだと思う。そこで、第一章では、講義内容そのものに触れる前に、研修所以外での行動、関係者とのやりとりに焦点を絞って内容を記したい。

講義の概要については第二章でまとめて解説することとしたい。

講義外の記録だからといって、重要度が低いわけでもない。むしろ、関係者とのやりとりの中には、たとえ断片的ではあっても、かなりの程度機微にわたると思われる情報も含まれている。

実を言うと、これほど丹念な日誌は、過去ＣＩＡ研修に参加した公安庁職員も作成していなかった。著者が、当時、非公式に日誌を作成していた理由は、たとえ同盟国ではあっても、他機関の手中にある間、自他の行動と発言に細心の注意を払い、記録を残しておくことが必要と考えたためである。

英語でのやりとりで、しかも録音、その場でのメモとりが困難な関係上、必ずしも正確な会話の再現とはなっていないし、さらには私が誤解して聴取した可能性も否定はできない。ただし、内容については、当時、本庁の研修生からもチェックを受けた。日誌の作成にあたっては、最大限誠実にメモを起こし、誇張を排したつもりである。特に注意を要すると思われる部分、曖昧な箇所については、コメントを付した。

やや些末な事実を書き並べた感もあるが、一日の行動記録として完全を期するためにあえて記した。当該箇所は読み飛ばしていただいて結構である。

### 九八年五月八日（東京、金曜日）――研修前夜――内部試験

情報分析研修の参加者は、毎年六、七名である。参加希望者は、霞が関の公安調査庁本庁や九段の関東公安調査局など、首都圏で勤務する職員が圧倒的に多いが、地方からの参加者も一、二名程度いる。参加制限はとりたててないが、入庁五年目程度で、一応英語で日常会話ができることが条件となっている。

制度上は、首都圏で勤務している必要はない。しかし、交通アクセスや、現場幹部の理解を得る必要から、地方からの参加はそれほど容易ではないようだ。CIA研修などというと、興味本位からでも、相当に参加希望者が殺到しそうなものであるが、適度に自己抑制が働いている模様で、毎年の参加希望者は、ほぼ一定して一〇名程度である。

それでも定員を若干オーバーしていることになる。そのため、参加者選別のために内部試験が行われている。やはり、米国での研修であるから、試験の内容は英語能力のテストが中心である。試験は筆記試験と、口頭試問に分かれている。筆記試験の問題は、二部一課（外国情報機関連絡担当）のスタッフが、市販のテキストから適宜抜粋して作成しているようだ。

口頭試問の面接官は、総務部長、人事課長、調査二部長（調査第二部は国外担当）、二部二課長の幹部四名である。英語で質疑応答が行われ、研修に参加しようとした動機、研修にあたっての抱負などが聴取される——というと何か高級な試験のように聞こえるが、当時の福原暎治総務部長、中村壽宏人事課長はまったく英語ができず、松田宏二部長、那須清重二課長も英語に堪能というには程遠かったので、傍から見れば、かなり滑稽なやり取りであっただろう。要するに、英語での質疑応答というのは形ばかりで、実際には儀礼的な手続きであると言ったほうがいいのかもしれない。倍率が高いわけでもなく、人事上の配慮もあるから、選考試験自体、本当は出来レースなのではないか、という見方があったのも事実だ。

そうは言うものの、試験のときには緊張した。端的に言うと、英会話に自信がなかったのである。私は、前年の平成九年度の後半六カ月間、四谷にある日米会話学院の官庁企業委託科研修コースに研修派遣され、英語訓練を終えたばかりであった。学院内では、英語以外使うことを許されず、英文レポート等、毎日の課題も膨大なので、研修はかなりハードな内容だった。はっきり言って、私にとっては、公安庁での業務よりもはるかに過酷に感じられた。その甲斐もあってか、入学時には七五〇点だったTOEICの成績が、修了時には九一五点にまでアップした。当時、公安庁でTOEIC九〇〇点を超える英語能力のある職員は、海外留学経験のある女性職員一名を除いて存在しなかった。七〇〇点もあれば英語ができるとされる公安庁内においては、そこそこのレベルにあったと言っても間違いではないかもしれない。しかし、それはあくまで、試験の上でのことで、謙遜でもなんでもなく、会話にはほとんど自信がなかった。事実、会話能力についての学院での最終評価は、10段階中の「5」、辛うじて〝可〟というレベルだった。幹部連に、〝日本語〟で口頭試問をしていただいたので、随分救われた面もあるのである。

こんなふうに書くと、以下の内容について、確度に疑問を呈される向きがあるかもしれないが、聞き取りが曖昧な箇所についてはその旨付言している。また、判断が微妙な箇所には、研修生の一人で、以前ポーランドに三年間在外勤務した経験のある八重崎氏を中心に、その都度確認を求めた。八重崎氏は、私よりもはるかに英語に熟達している。したがって、叙述の信憑性についてはー応の信頼を置いていただいて差し支えないと思う。

なお、選考要綱、試験については、巻末の参考資料Ⅰ、Ⅱのとおりである。

## 九八年五月二七日（東京、水曜日）――事前の打ち合わせ

情報分析研修では、毎年、研修の最終日、研修生側から示したトピックについて、ＣＩＡの分析官からブリーフィングを受けることになっている。公安庁側からすれば、ＣＩＡの情報を入手できる貴重な機会の一つであるから、トピックの選定にも力が入る。

ただ、ブリーフィングとはいっても、研修生相手のデモンストレーション的意味しか持っていなかったようなので、実際には内容は概括的・網羅的で、ＣＩＡ独自の機微に触れるような情報が提示されたわけではなかった。打ち合わせで選ばれたトピックは以下のとおりである。

- 危険なカルト組織について（国際的及び米国内）――どう発見し、どう情報収集のオペレーションをしているか
- サイバー・テロリズムについて――（聴取中心となるが）対策方法の概要
- ロシアの内政について――新内閣の今後の見通し、テロ・マフィア組織
- 大量破壊兵器拡散の現状
- 東南アジア、南アジアにおけるテロ組織の活動
- 印パ核開発競争の今後の成り行き――周辺国に与える影響、国際社会における位置付け
- 中国の国内イスラム民族及び対イスラム諸国政策――新疆ウイグル自治区問題

後で述べるように、実際にブリーフィングのテーマとなったのは、この中の一部である。今見

ても、欲張った内容だったと思う。

ＣＩＡ研修は例年九月前後に行われるので、本来なら、試験から三カ月程度の準備期間がある。平成一〇年度は、六月に変更になったので、身支度なども含めて大忙しだった。事前の勉強も十分とは言えなかった。ただし、一〇年度から、ＣＩＡ本部での研修生によるプレゼンテーションがなくなったので（この間の経緯は不明である）、その分、負担は相当軽くなっていたのかもしれない。

## 九八年六月三日（東京、水曜日）――初顔合わせ

研修出発前に、次長、総務部長、総務課長、人事課長、二部長、二部二課長等、本研修関係の主だった幹部に出張の挨拶回りをする（研修辞令については参考資料Ⅲ）。

一一：〇〇ころから、合同庁舎八階の公安庁総務部特別会議室で、私たちの研修のアテンドを務めるＣＩＡ駐日渉外連絡官Ｑ氏と打ち合わせ。常日頃外国機関員と接触している本庁二部二課の職員はともかく、私は緊張を隠せなかった。何しろ、映画や小説の世界でしか知らないＣＩＡ職員に、現実に接触するのである。Ｑ氏は、かねて聞いていたとおり、柔和な感じの人物だった。が、初対面でもあるせいか、やはり威厳も感じられた。

研修生から一通り自己紹介を行った後、Ｑ氏の発言。

「私の任務は、君たちに随行し、情報分析研修を受けるにあたって、いろいろとサポートをす

ることにある。君たちは、公安調査庁の中から選ばれた数少ない研修生である。誇りを持って、最大の成果を挙げてもらいたい……」

出発までの段取りについて確認した後、「課外での観光先として何か希望があるか」と尋ねられる。「暗号博物館などはどうか」と答える。NSA（国家安全保障庁）の付属施設である。「NSAの諒解を得なければならないのではないか」とQ氏。「インターネットで見ると、一般公開されているようだ」と言うと、「それなら大丈夫だろう。候補として考えておく」ということだった。

その後、弁護士会館地階の日本料理店に場所を移し、松田二部長、那須二課長、植野二課総括、二課CIA連絡担当官宍戸氏を交え、Q氏と昼食会。

## 九八年六月一二日（東京、金曜日）——出発

一二：〇〇ころ

自宅を出発。手荷物があるため、普段は乗らないバスで駅まで移動。JR中央線を利用。中央線はこの時間でもかなり混んでいて、トランクを運ぶのに疲れた。

一三：一二

新宿駅で成田エクスプレスに乗り換え、空港に向かう。

一四：三〇ころ

第一旅客ターミナル四階Cカウンター付近到着。メンバー全員がすでに揃っていた。構成は、高梨浜崎（本庁調査第二部第二課、課長補佐、メンバーの〝団長〟）、八重崎（同二課、主任調査官）、真淵（同二課、公安調査官）、東（関東公安調査局調査第二部第一・五部門担当、上席公安調査官）、真淵（神奈川公安調査事務所国内担当、公安調査官）、西野（九州公安調査局調査第二部第一・四・五部門担当、公安調査官）、それに私（本庁調査第二部第一課、主任調査官）の七名。

真淵氏は奥さんの見送りつき。保険手続きを済ませ、空港サービス券等を購入する。

一五：〇〇ころ

ユナイテッド・エアラインにチェックイン。スーツケースを預ける。

一六：〇〇～一六：四五ころ

構内免税店で時間をつぶす。スナックで軽食。西野女史は肉饅を頬張っていた。東氏は、コカ・コーラ、肉饅、フランクフルト。東氏から肉饅を分けてもらう。喫煙者は灰皿を求め構内を散策。

一七：〇〇ころ

金属探知機のゲートを通過。真淵氏は、なぜか四、五回アラームが鳴る。警備のチェックを受けて、ゲート通過。

一七：四〇ころ

UA882便搭乗。機内で座席が故障するというトラブルが発生したため三〇分近く出発が遅れる。修理不能のため近くの席に座っていた二名が降ろされた由。座席は、飛行機先頭に向かって左から真淵氏、東氏、西野氏。通路を隔てて、私（49D）、浜崎氏、高梨氏、八重崎氏。

一八：〇〇ころ

ようやく離陸。中年ででっぷりと太った〝スチュワーデス〟が、日本人乗客全員にビザの有無を尋ねて廻る。突然の英語に狼狽。周囲も同じ様子。「今日の乗客は誰一人英語ができやしない」と仲間の添乗員と愚痴を言っていた。機内食は順に、ビーフ、軽食（赤いきつね）、パスタなど。

## 九八年六月一二日（シカゴ、金曜日）

一六：〇〇ころ

シカゴ、オヘア国際空港到着。ワシントンDCダレス空港行きのUA機に乗り換える。喫煙者は、しばし、タバコを喫って休憩する。モノレールで旅客ターミナルまで移動。

一七：三〇ころ

搭乗。いったん滑走路に出るもゲートに戻る。なかなか出発せず、機長も理由を知らされていない旨放送あり（後に天候不順のためと判明）。スチュワーデスが氷を配り始めたところ、外国人が何人も席を立って談笑し始め、後部スペースでパーティーのような有様となる。そのほとんど中央にいた西野女史は、クロスワードパズルに熱中していた。

二〇：〇〇ころ

離陸。

## 九八年六月一二日（ワシントンDC。シカゴより一時間早い。金曜日）

二二：三〇ころ

ワシントンDCダレス空港到着。Q氏、ジェームズ・サトウ氏による出迎え。「飛行機が三時間ほど遅れたようだが、ビールを飲んで時間をつぶしていた」とQ氏が言う。時候の挨拶。「機内では十分に睡眠がとれたか。明日早朝、ホワイトハウスの見学を予定しているが大丈夫だろうか。長旅のところ申し訳ない。別の日をアレンジしようとしたが都合がつかなかった」とQ氏。全員明日準備できる旨答える。

後に、早朝のホワイトハウス見学は、時差ボケをすぐに治すための取り計らいであると分かる（時差ボケを治す一番の方法は、薬に頼ったりすることではなく、現地に到着したその日、日中、必ず起きていることである、とQ氏は力説していた）。

二三：〇〇ころ

ダレス空港出発。サトウ氏とはこの場でいったん別れる。"US GOVERNMENT 0436×××"のバンに乗車（研修を通して同一車両であった）。長身の運転手（後にQ氏と同名のW氏と判明。研修中、車での移動では同氏のお世話になった）。車中、Q氏より、飛行機の遅れと関連して、天候の話。道すがら「この辺には当局職員も多く住んでいる」と言う。「近くに寮のようなものがあるのか」

と尋ねると、「ホワイトハウスから二時間三〇分ほど離れたトレーニングセンターに、付属施設として存在している」との回答あり。

二三：三〇ころ

ホテル“Holiday Inn”ロビー到着。チェックインの手続き。正確には聞き取れなかったので断言できないが、ホテル側フロント職員がQ氏に、ＰＳＩＡ（Public Security Investigation Agency＝公安調査庁）名で登録してもいいか尋ねた様子。Q氏と職員の間で短いやりとりがあり、結局Q氏名で手続きすることで落ち着いた模様。

背の低い黒人のフロント職員の態度が悪いと口にする研修生も。喫煙部屋が予約どおりとれていない、もらえる予定の朝食券が準備されていない、など手違いが目立ったためだという。Q氏が交渉をしたが、埒が明かなかった。後日Q氏は、ホテル側に苦情を言い、「あのフロント職員はやめさせろ」と申し入れた由。

研修生の部屋割は以下のとおり。

| | 部屋番号 |
|---|---|
| Q氏 | 二二九号 |
| 西野女史 | 五一九号 |
| 真淵氏 | 五三〇号（喫煙） |

東氏　六一六号
私　六一七号
高梨氏　七二二号（喫煙）
浜崎氏　八〇四号（喫煙）
八重崎氏　八一七号（喫煙）

チェックイン終了後、各人の部屋割りと、翌朝六時一五分にロビーに集合することを確認して別れる。Q氏はホテル一階のバーでしばらく飲むとのこと。私は、少し疲れていたので参加しなかった。

二四：〇〇ころ

入室。その後、浜崎団長より、「早速、本日の反省会を開きたい」旨の電話連絡がある。浜崎氏、八重崎氏はバーへ行った模様。Q氏は結局その日バーに現れなかったという。

二五：三〇ころ

就寝。

## 九八年六月一三日（ワシントンDC、土曜日）——研修第一日目

〇五：三〇ころ

起床。身支度。

〇六：〇〇ころ

昨日フロントで頼んでいたモーニング・コールがかかる。

〇六：〇五ころ

一階自販機前で西野氏と会う。自販機は一〇ドル札が使えなかった。

〇六：一五ころ

一階ロビーに集合。Q氏、サトウ氏はすでに姿を現している。Q氏から日系スティーブ・ウエムラ氏を紹介される。流暢な日本語を話す。ウエムラ氏は退役軍人で元米国陸軍中佐。この日、ホワイトハウス・ツアーのアレンジをしていただくことになった。

〇六：一五～六：三〇ころ

フロントで貴重品保管庫の手続き。私の名前でサインし、そこに全員のパスポート、航空券などを預けることになった。

〇六：三〇ころ

昨日のバンでホテル出発。車中、ウエムラ氏に経歴を尋ねたところ、「先の大戦後、PSIAをはじめとする日本の諸機関と連絡をしていた」との回答があった。PSIAとは特審局時代からの付き合いだという（特審局＝法務府特別審査局。公安調査庁の前身）。「名前は失念したが」と言って、特審局長の名前を挙げようとした。リタイアしてからすでに二〇年になるとのこと。名刺をいただく。後の会話で分かったことだが、同氏は八〇歳前後であるらしい。しかし、まったく年齢を感じさせない頭の回転、身のこなしであった。

〇七：〇〇ころ

ホワイトハウス付近に到着。車にて、ホワイトハウス付近の建造物を紹介してもらう。税関、IRS（Internal Revenue Service）、スミソニアン博物館、ワシントン・モニュメントなど。

〇七：三〇ころ

ホワイトハウス到着。列に並んでいる間の雑談で、サトウ氏が言う。「かつてUCLA（著者の記憶違いの可能性もある）と都内××大学の交換留学生で日本に来ていた。」三鷹付近の地理に詳しい様子だった。自宅から空港までどれだけかかったかとの会話で、私が三鷹に住んでいることを話したため話題となった。サトウ氏は、大学時代、数学、特にコンピュータ・プログラミングに関心があったが、途中からアジア地域研究に転向したという。フィリピン以外の国は一通り訪問したらしい。

「現在東京に住んでいるのかどうか。大学は東京で通っていたのかどうか」などと聞かれる（なお、研修初日のアンケートでは学歴についても記した）。「公務員試験にはどのようなタイプの試験があるのか。国家公務員Ⅱ種試験で採用されてⅠ種試験を受け直すことができるのか」などと聞かれたので、「大きく分けて三種類の職種がある。Ⅱ種職からⅠ種職への任用替えは、原理的には可能であるが、処遇面の理由で、実際にはあまり行われていないようだ」と回答。

〇七：四五ころ

ホワイトハウス入館。入り口すぐのみやげ物屋で、ホワイトハウスが象られた、"1998 ORNAMENT" なる記念プレートを一四ドルで購入。ツアー・ガイド（本来ＳＳ＝Secret Service だという）の英語は極めて自然なスピードでほとんど聞き取れず。他の団体観光客とともに館内各部屋を回る。

〇八：三〇ころ

出館。バンに移動する途中、サトウ氏に「研修の準備として、英語の良い訓練になった」とコメントすると、「とても速く、私でも聞き取れないところがあった」などと冗談を言う。

ホワイトハウス出館後、ウエムラ氏より現在の調査第一部長の名前を聞かれたが、名前を度忘れしてしまい答えられなかった。同氏の口振りから判断すると、現在の一部長と面識があるかどうかはともかく、警察幹部との接触も多いようであった。

なお、当時の公安庁調査第一部長は、栗本英雄氏（元警察庁長官官房人事課長）であった。

〇八：四〇ころ

ユニオン・ステーション到着。ハンバーガー、ジュースなど軽く朝食をとり、本日の予定の確認などを行う。Ｑ氏とウエムラ氏は少し離れたカウンターで食事をとっていたが、サトウ氏は私たちのほうの席に参加していた。「ＣＩＡの食堂も以前はひどい食事を出していたが、最近ホテルの業者が入って随分改善された」と言う。なお、サトウ氏はハンバーガーを半分ほど残していた。研修中、私が気づいた限り、サトウ氏は常に出されたものを半分残していた。食後、トイレ、喫煙者は煙草の休憩。私は喉が渇いたので、ジュースを購入。

○九：三〇ころ

スミソニアン博物館に向けて同ステーションを出発。ウエムラ氏とはこの場で別れた。氏とは以後会うことがなかった。

○九：四〇～一二：三〇ころ

同航空宇宙博物館到着。一二時三〇分まで自由行動。三々五々展示物を見学して、みやげ物屋でボールペンなど購入する。私が所属していた二部一課職員へのみやげである。公安庁では、研修でも出張でも、所属部署にみやげ物を買って帰らないと悪し様に言われる。餞別と同様に、半ば強制的である。程度の問題だとは思うが、他官庁や民間企業でも同じような慣行があるのだろうか。

一二：三〇～一三：三〇ころ

同館脇の軽食レストランで、サンドイッチ（＝ハンバーガー）などの食事。「昨日はホテル一階のバーで飲まなかった」とQ氏。

Q氏が、研修生各自に第二言語習得の有無について尋ねる。私は特にない旨回答。Q氏が語る。「中国語、日本語、韓国語など、英語を母国語とする者にとって難解な言語の習得には二年間はかかる。一年はアメリカで、もう一年は現地で訓練する。その間仕事はまったくせず、学習に専念する。もちろん、言語によって、習得期間の長短はあり、私の場合、インドネシア語を三カ月間で習得し、CIA内部評価基準の5段階中『3』のレベルにまで到達した。『3』のレベルとは知的な会話が支障なくこなせるレベルである（Q氏は以前に三年間のインドネシア語学習経験があったようである。タガログ語も話せる。本人は否定しているが、日本語もある程度できるのではないかと私は推測している。なお、CIAの語学研修制度については、研修最終日の会食の席でも話題となった）。しかし、せっかく長い時間をかけて語学の訓練をしても、民間企業に転職してしまう者も多い。CIA職員は、情報分析の訓練を積んでいるので民間でも重宝されるからである。」

「CIAは転職者と退職後も接触を保っているのか」と尋ねると、設問の趣旨が正確に伝わらなかったか、あるいは答えをはぐらかされて、明確な回答は得られなかった。

そこから一転、話題は人生論となり、Q氏より「人生を有意義に過ごす秘訣は、その時その時、自分が楽しいと思うことをやることだ」との話があった。Q氏は投資が趣味のようである。「金儲けは簡単。企業を興すことなど容易である」などと言う。

私が「実は最近少し思い悩んでいることがある」と語ると、ひどく真面目に心配された。「人生は、あれこれ問題を解決しようとするには短すぎる」旨諭された。日本語に訳すと凡庸に聞こえるが、そのときはなるほどと思った。Q氏は過去二度死にかけて、このことを悟ったという。死にかけたのは、職務上のことではなく、健康問題であるらしい。

どういう話の展開からか、結婚は焦るなと言っていた。男なら最低でも三五歳、四〇歳で結婚してちょうどいいくらいだ、と言っていた。人生設計すべてが家庭に縛られるからだという。八重崎氏も同意。

一三：三〇～一四：〇〇ころ

博物館前の庭を散策。記念写真を撮る。怪しい女性勧誘員からビラを渡され、寄付を迫られる。無視。浜崎氏がサトウ氏と、勧誘員の素性などについてやり取り。サトウ氏は、新興宗教の寄付集めだと言う。サトウ氏は統一教会やヤマギシズムについても言及。同氏より「PSIAはヤマギシズムにも関心があるのか」との質問。浜崎氏は「一応把握するようにしている」旨回答。勧誘員はしきりに片言の日本語を話し、無視を続ける私たちに向かって「おまえたちは日本語ができないのか」などと罵声を浴びせた。サトウ氏は鼻白んだ様子で聞いていた。

一四：〇〇～一五：〇〇ころ

リンカーン・メモリアル観光。みやげ物購入。

一五：〇〇～一六：〇〇ころ

ジョージタウンの書店を訪れる。情報機関関係書籍を探すが、なかなか見つからず。真淵氏がよく見つけ出していた（米国“Intelligence Community”についての本など。私も同種の本を後日別の本屋で見つけた）。当日、私が購入した書籍は、“The Oklahoma City Bombing and the Politics of Terror”、“Space and National Security”及び“The Coming Conflict with China”の三冊。最後の一冊は二部長用のおみやげ。

一六：〇〇～一七：〇〇ころ

書店前のベトナム料理屋で軽食。当初宿泊ホテルすぐ近くのタイソンズ・コーナーで買い物をする予定だったが、土砂降りの雨が降ってきたため予定を変更することになった。

一七：〇〇～一七：三〇ころ

バンでスーパーへ移動。途上思わず居眠りをし、Q氏から「疲れているのか」などと声をかけられる。研修を通じて、車中、Q氏は、運転手右側の席に座っており、その後ろに私たちが三列に並んで座っていた。Q氏は、よくバックミラーで後部座席の様子をうかがっていた。私は、しばしば目があって当惑した。

一七：三〇～一八：一五ころ

食料品スーパーで、ビール、雑貨などを購入。私が購入した〝日本緑茶〟は、他の研修生にも好評。レモン・エキス入りのハーブ・ティーというか、珍妙な味だった。

一八：三〇ころ

ホテル到着。明日、午後六時三〇分ころホテル・ロビーに集合し、レバノン料理店に行くことを確認して散会。

一八：四五ころ

入室。仮眠。他のメンバーは食料品店で購入したオープンサンドなどを自室で食べていた模様。

二〇：四五ころ

目が覚める。この地域では午後八時ころでも外が明るい。この日に限らず一日の時間の感覚が狂うことが多かった。

二〇：四五〜二二：〇〇ころ

本日の記録のとりまとめ。

二二：〇〇ころ

浜崎氏の部屋を訪れる。私と他に二名のみ。本日の反省会を開く必要があるとのこと。浜崎団長より、「観光の行き先などについて、各自他人任せにせず、もっと積極的に要望を表明すること。スーパーで買い物をするときに時間を守って統一行動をとること」などの注意があった。途中八重崎氏、浜崎氏の部屋に来室。

二三：二〇〜二四：二〇ころ

ホテル一階のバーで軽食及びアルコール。全員参加。Q氏は誘わなかったし、姿を現さなかった。

二四：二〇ころ

八重崎氏の部屋に移動し、引き続きビールを飲む。私は終始うたた寝をしていた。反省会の続きか？「野田は本当によく寝るなあ」と言われる。

二五：三〇ころ

自室に戻り、再び就寝。

## 九八年六月一四日（ワシントンDC、日曜日）――研修第二日目

○六：○○ころ

起床。コーヒーを入れ、Q氏より贈られた果物を食べる。果物はホテル到着時、Q氏からの歓迎メッセージと共に置かれていたものである。

○八：○○ころ

浜崎氏の部屋へ。雑談。

○八：四○～○九：四○ころ

ホテル二階で、皆で朝食。バイキング方式。ベーコンとスクランブル・エッグが美味しいので、ついつい食べ過ぎてしまう。東氏少し遅れる。

○九：四○～一○：○○ころ

ホテル一階フロント前のみやげ物屋を物色。

一○：○○～一一：○○ころ

身支度。CNNニュースなどを見る。

一一：○○ころ

ホテル・ロビー集合。シャトルバスで、ホテル近くのショッピングセンター「タイソンズ・コーナー1」へ

一一：一〇～一二：三〇ころ

三々五々、ショッピング。

一二：三〇ころ

昼食のため、施設内で最初に集まった場所に再び集合。

一二：四〇～一四：〇〇ころ

タイソンズ・コーナー内のイタリア料理店で昼食。私はスパゲティ・ミートソースとサラダを選ぶ。量が多い。

一四：〇〇ころ

西野氏、東氏が体調を崩したため、シャトルバスで一足先にホテルへ。

一四：〇〇～一六：〇〇ころ

残り五名は引き続きショッピング。

一六：〇〇～一六：一〇ころ

徒歩でホテルまで帰る。ほんの短い距離だが、歩行者はまったくいない。また、道路も歩行者を想定して造られていない。本当に車社会なのだな、と思う。

一六：三〇～一八：〇〇ころ

浜崎氏の部屋へ。昨日購入した〝緑茶〟を持参したところ感謝される。浜崎、八重崎、高梨、私のメンバー。会話途中、私はまたもうたた寝してしまった。

一八：三〇ころ

ロビー集合。

一八：三〇～一八：五〇まで

Q氏とサトウ氏の車に分乗しレバノン料理店まで移動。私は、八重崎、東両氏とともに、Q氏の車に乗り込む。残りのメンバーはサトウ氏の車に乗る。八重崎氏はQ氏との会話が弾んでいた。研修中、Q氏との会話量が最も多かったのは、八重崎氏である。今回のメンバーの中では、最も英語が堪能であることに加え、ポーランド赴任など職務経験も豊かであるためであろう。私が、Q氏と対面で長く話し込んだのは、二、三回程度に過ぎなかった。

一九：〇〇～二二：〇〇ころ

レバノン料理店で会食。レバノン料理は昨年度の団長である須尾氏（当時、本庁調査第二部第五部門管理官）が推奨していたもの。ウェイターが去年のことを憶えていたため、Q氏は前回と同じメニューを注文した。殺人的な量の多さであった。前菜だけでグロッキー状態。アルコールが進むと同時に各人饒舌となる。東氏が中東及び、この地域の料理に関する蘊蓄を披露。東氏はイスラムが専門なので、やはり詳しい。ライス・プリンを注文する。私は食に疎いので、その趣味に驚く。美味しかった。西野氏は、「牛乳アレルギーがある」と言って、ほとんど手を付けなかった。

会食後半になって、サトウ氏が、八重崎氏にPSIAの人員削減、海外展開の状況について聞いていた。「職員のモラール（士気）が下がっているのではないか」とサトウ氏。八重崎氏は「モラールは衰えていない」と断言。軽く受け流していた。私だと「いやあ、そのとおりなんですよ……」と、思わず相槌を打っていたと思う。

なお、支払い（四八〇ドル）は私たちで持った。

二二：〇〇〜二二：二〇ころ

先ほどと同じメンバーで、今度はサトウ氏の車に乗ってホテルまで移動。

二二：二〇ころ

ホテル到着。Q氏は一階バーで飲むとのこと。三〇分に合流する旨伝える。自室に戻り用を足す。

二二：三〇ころ

一階バーへ。Q氏のみ。レバノン料理屋へ案内してくれたことの礼を言う。「アルコールを飲んで運転していたが、CIAでは、アルコールを分解するような特別な薬品でも使っているのか」と尋ねると、「そんなものはない。警察に捕まらないようにスピードを出して運転しただけである」などと言って笑っていた。

現在の職務内容についての質問あり。

「私は分析業務の経験はなく、工作業務もほとんど経験がない。現在は調査第二部の企画・調整を担当している。これといった専門がないので、明日からの研修で担当業務についてのプレゼンテーションを求められても、当惑してしまう」旨返答。

Q氏は「今回の講師は、前年度と違う。二部二課の宍戸氏（在京CIAとの公安庁側連絡担当者）が参加した時と同じ講師である。私はその講師と先日初めて顔を合わせた。宿題、プレゼンテーションの割り振りは団長（浜崎氏）次第である」と言う。「工作業務と分析業務とどちらが自分にあっていると思うか」と尋ねられたが、実際自分でも答えが分からなかったので、曖昧な返事をした。

Q氏が「ゴーゴー・ダンスに興味はあるか」と誘う。「是非参加したい」と伝えた。

このころ高梨氏合流。私の隣に座った（カウンターに座って、私の左隣がQ氏、右隣が高梨氏）。両者の間で、テレビ放送中のバスケットボール試合についてしばらくやり取り。

会話中断後、私が「機微に触れる質問かもしれないがうかがってよろしいか」と尋ねると、「構わない」とQ氏。以下のようなやり取りがあった。

私「先ほども、夕食の席でサトウ氏が行政改革の話題に触れていた。実際、冷戦崩壊以降、特にオウム真理教の解散指定処分請求棄却後、PSIAは厳しい世論の批判にさらされている（平成一〇年当時。公安庁の対マスコミ情報宣伝工作が功を奏してか、この間の事情の変化には劇的なものがある）。そこで、うかがいたいが、PSIAの能力についてCIAはどのように評価しているのか」

Q氏「公式見解でもあり、個人の意見でもあるが、PSIAはオウム問題で最善を尽くしたと思う。我々も日本の政治システムがいびつなことは知っている。オウムに破防法を適用できなかったのは、その政治システムのせいであろう。我々は現在もオウム問題について多大な関心を寄せている。オウム以外でも、たとえば北朝鮮の問題でPSIAには世話になっている。これらの問題で、最も情報提供が多いのはPSIAである。

PSIAが非常に頼りになっている点は、照会すれば必ず何がしかの回答をしてくれることである。これは、NPA（National Police Agency＝警察庁、この場合は特に警察庁警備局）、JDA（Japan Defense Agency＝防衛庁）などの機関には見られない特徴である。NPAには照会しても答えが返らないことが多い。PSIAはその回答が誠意ある点で評価できる。二部二課の宍戸さんにも常々伝えているが、照会した件について、分からないことについては、素直に分からないと回答してほしい。本当は分からないことについて、何か情報を掴んでいるようなフリをされたり、逆に本当は分かっているのに知らない、と答えられると、我々も困る。邪推を働かせることになる」

私「NPAが必ずしもCIAの照会に応じないのは、それだけ自らの力量に自信があるからではないのか。つまり、少なくとも国内においてはCIAの力を必要としないという意味において」

Q氏「実際NPAは非常に有能な機関である。しかし、彼らでも我々の協力を必要とするところはあるのではないか。彼らは、サリン事件当時地下鉄にカナリアをもって入ったというが（実際は平成七年三月二二日の上九一色村教団施設一斉捜索の際ではないか?）、そんなことでは化学テロには対応できないであろう。この分野では我々のほうが圧倒的にノウハウがある。なぜ彼らが協力を拒むのか理解できない」

私「そうは言うものの、松橋忠光というNPAを退職した元高官が著書の中で書いているとおり、以前からNPAとCIAとの間で、研修も含めた交流があるとのことであり、現在もその関係は良好ではないのか」

Q氏「実を言えばNPAとは数々のジョイント・オペレーションをこなしてきた。大変成果があったことは事実である。PSIAが情報量の面で劣る部分はあるだろうが、人員の規模や権限の面を考えれば詮無いことである。しがたって、両者と当局との関係を比べれば、PSIAとの関係のほうがなお良好であると考える」

なお、元警視監の松橋忠光氏の著書『わが罪はつねにわが前にあり』（現代教養文庫）には、次のような件がある。

米国が一年に二人ずつ警察庁に資格者の中から選ばせて、往復旅費及び生活費と家賃を負担し、約五か月の特殊情報要員教育を本格的に始めたのは三十四年からであろう。

松橋氏が研修に参加したのは昭和三六年である。滞在期間は一二五日間に及び、机上の講義ばかりでなく、たとえば、スパイ容疑のある亡命者への接触などという、模擬訓練も行われていた由である。研修期間、内容、費用負担（第三章で後述）の違いが、そのままCIAから見た評価の違いになっているのではあるまいか。事実、後に触れるように、最終日会食の席での作戦局日本課長（もっともこの役職が正確な表記かどうかは、作戦局の内部部局が秘匿されているせいもあって、不明。ただ、公安庁ではこのように呼称されていたので〝日本課長〟と記しておく）の発言は、Q氏の発言とニュアンスが異なっていた。

Q氏「PSIAは行政改革を受けての生き残り戦略として、外務省にポストを獲得して、海外展開を図ろうとしている。個人的見解だが、私も基本的に正しい方向だと思う」

私「一部論者からは、PSIAはNPAに吸収されるべきであるとの指摘もあるが、これについてどう考えるか」

Q氏「NPAは、その出身者が政治家になるケースが多いことを見ても分かるとおり、政治勢力にも介入している。これにPSIAが一体化すれば、ロシア情報機関、旧KGBあるいはGRUの二の舞になる可能性があり、大変危険である……。PSIAは海外展開をしようとしているが、国内に手足を持つ限り、NPAとの問題は残るだろう。両方ともFBIのような機関を志向していることが問題である。問題は、両者の関係をいかに“fix up”（改善）するかである」

さらにQ氏から、ＰＳＩＡが世論の批判にさらされているということに関連して、ＣＩＡも例外ではないとして、次のような話があった。

Q氏「我々の仕事で最も大事なことは情報源の秘匿である。インドの核実験を探知できなかったということで我々はひどい批判にさらされているが、核実験が行われるという情報（文脈上おそらく〝協力者〟情報と思われる）は確かに存在していた。問題はそれを公表できないことである……私はオクラホマシティー連邦政府ビル爆破事件のテリー・ニコルズとは家族ぐるみの付き合いがあった（ニコルズは狂信カルト、ミシガン・ミリシアの一員である。彼がインフォーマントであったかどうかは不明。私も追及できず）。事件を知った時には大変驚いた。今でもこの話をするときは鳥肌が立つ（と言いながら、自分の腕を見せた）」

この時Q氏は、私がバーを訪れてから、ブランディー一杯程度を飲み干していた。酔ってからかわれていただけかもしれないが、もし本当だとすれば、どちらの話も驚くべき話である。

ＣＩＡ職員の士気という問題も興味深い。昨日の昼食の際にも、民間企業への転職が話題となった。平成八年一一月二八日付の『インターナショナル・ヘラルド・トリビューン』掲載の『ワシントンポスト』転載記事も、相次ぐ若手職員の辞職について、ＣＩＡが内部調査を始めたことを報じている。数年の間に、極東担当の作戦局若手職員一〇名以上が辞職した。冷戦崩壊後、明確な使命を失ったことが原因の一つではないかという。麻薬対策のような新たな役割は、むしろ司法の領域であって、伝統的なＣＩＡ志望者のインセンティブを満たし得ない、と記されている。

公安調査庁にも同様のことが当てはまるのかもしれない……。

「ところで、まったく悪意なく言うが、日本の諸機関が対立している状況というのは、ＣＩＡにとっては、情報収集の上で逆に都合がよいのではないか」と尋ねると、Ｑ氏は、二、三分間にわたって、日本の各機関との関係を概説し始めた。私には話の焦点をぼかそうとしているように感じられた。

このころ、八重崎氏と浜崎氏が現れた。両名が「何の話をしていたのか」と尋ねたので、私が「真剣な話をしていた」と答えると、Ｑ氏は「女の好みの話をしている」と言って話題を切り替えた。

私を除く四名の間で野球などスポーツの話がしばらく続いた。

話題が再び業務のことに戻り、八重崎氏が「ＰＳＩＡの報告書、分析資料も、（以前は冗長だったのが）かなり簡潔になっている。資料の表題自体に、要旨が現れるよう工夫されるようになった」旨語る。「大変いいことだ」とＱ氏。

「報告書の中にはディテール（細部の事実）を盛り込まなければならないことが多々あると思う。この場合、報告書は必然的に長くなるのではないか」と指摘すると、「そのとおりである。報告書には“analytical report”と“operational report”がある。両者は性質が異なっている。前者のほうが当然のことながら短い。大事なディテールを大量の情報から抜き出すことこそが本研修の目的でもある」とQ氏の回答。「後者の報告書のほうに興味がある」と言うと、Q氏は「簡単である。５Ｗ１Ｈの原則である」と言って笑っていた。

二五：一〇ころ

バーで散会。Q氏は「明日も宿題がなければ飲もう」と皆を誘っていた。

二五：二〇～二七：〇〇ころ

本日聞いた話のとりまとめ。

二七：〇〇ころ

就寝。

## 九八年六月一五日（ワシントンDC、月曜日）――研修第三日目――講義第一日目

〇六：三〇ころ

起床。身支度。

〇七：〇〇ころ

ホテル二階で朝食。

〇八：二〇ころ

ロビー集合。バンで研修目的地に向かう。

〇八：三〇ころ

“US EMERGENCY ×××× ×××× CENTER”と記された茶褐色の建物に到着する。研修場所は同ビル二階二〇〇号の“×××× ASSOCIATE LTD.”というプレートが掛かった部屋であった。内部は七～八部屋からなっており、担当講師の他、女性職員二、三名が勤務している模様だった。

〇八：三〇～一三：四五ころ

分析研修講義第一日目（研修の具体的内容については、第二章を参照）。

最初に講師の Dennis Jones 氏から以下のような自己紹介があった。

「私はオレゴン州の出身で、今年で五七歳である。カリフォルニア州のスタンフォード大学で経済学を学んだ後、イタリアで六カ月間生活し、軍隊に入った。その後ミシガン大学に入学し、修士を取った。アラビア語を学び、一〇年間工作業務に就き、二回海外に赴任した。その後、東アラブ地域専門の分析官となり、湾岸戦争の間、NIC（国家情報評議会。第二章で述べる）で、分析をとりまとめた。

既婚であり、三人の子供がいる。そのうち一人は今年秋に大学に入る。妻はセラピストである。

趣味はジャズで、自宅で犬は飼っていない」

ジョーンズ氏は初老の紳士で、学者のように知的な風貌である一方、学者にはない精力が張っているような印象があった。人当たりはいい。

ジョーンズ氏からは、「私の話しているスピードで、十分聞き取れるか」と再三確認があった。通常の三分の一程度のスピードで話している様子で、かなりの労力を伴ったようである。

次いで、Q氏より、次のようにセキュリティー上の注意があった。

「このビルは一般の商業ビルである。当法人がCIAの関連法人であることは秘匿されている。したがって、休憩時間に、ビル内で研修内容について語ることは控えてほしい。ないとは思うが、仮に知らない人から身分を尋ねられても、日本のビジネスマンであり、研修を受けに来ていると回答してもらいたい。当施設内での写真撮影、携帯電話の使用は不可である。ドアはオートロック式であるので、入室の際にはベルを鳴らしてもらいたい」

「教室内でパソコンは使えるのか」と聞くと、「九六年のハロルド・ニコルソンによるスパイ事件以来（第三章で解説）、セキュリティーが強化されており、内部規程が改正されている可能性もある。バッテリーを使うか、ACアダプターを使うかによっても異なる。再度チェックして回答する」旨、細かな指示があった（セキュリティー強化のため、一〇年度の研修は前年までよりも内容が制限されていた。たとえば従来認められていた本部のオペレーションルームの見学も、我々は許されなかった）。

その後、講師から、まず本講義の目標提示があった。

「本研修は大きく三つの部分から成っている。一つ目は、分析システムの学習である。創造性を発揮して、視野を広げ、偏見に基づく思考を避けることを学ぶ。この際、思考を明晰化するために利用するのがマトリックスである。二点目は、ブリーフィングの技術である。三点目は、情報収集者と分析者との協力の問題である（しかし第三点目についての明示的言及は講義をとおしてほとんどなかった）」

講義を進める便宜上、研修生を二グループに分けるという指示が講師からあり、グループ分けの基準とするデータを集めるためと、今後の講義を進めていく際の参考とするために、アンケートを採ることとなった。アンケートの項目は、「氏名、年齢、分析官としての経験年数、現在のポスト、分析資料作成の頻度・期間、情報分析研修経験の有無、これまでについた分析官ポスト、学歴、軍隊・警察勤務経験の有無、その他趣味など」の一〇項目であった。

ＣＩＡと公安庁がいかに友好関係にあるとはいえ、他国の情報機関に身分事項などを事細かに書くのはためらわれたが、すでに人事課から研修生の個人データが渡されている以上、ここで嘘を書いても仕方がないと思い、正直に記入し提出した。

引き続き、アンケートに基づき、各研修生から自己紹介をするよう求められた。各自五〜一〇分程度の自己紹介を行った。

授業中には積極的に質問をするように心掛けた。私だけでなく全員が積極的に参加していた。

一回目の休憩時間の際に、Q氏が、笑みを浮かべながら近づいてきて、〝ノダサン！　グッド・ジョブ〟と言う。例年、研修生からの反応がないので、今年もまた退屈な講義になるのかと思っていたとのこと。予想外の展開に、Q氏は、何度も講師のジョーンズ氏と目を見合わせていたのだという。

「いやいや語学力がないので苦労しています。八重崎氏のほうがはるかに英語が流暢です」と応答。

なお、研修初日はQ氏とともにサトウ氏も講義を聴講していた。Q氏は木曜日の午前中以外終始講義を聴講していた。

一四：〇〇～一五：〇〇ころ

浜崎氏から以下の報告。

「前夜に本庁二部二課から、統一教会が一三日に開催した合同結婚式関係の新聞記事を入手するよう連絡があった。前に統一教会を話題にしたこともあって、サトウ氏に『ワシントン・タイムズ』の日曜版を入手できないか依頼したところ、本部にあるはずだがと言って、昼過ぎになって、一五日付の新聞を買ってきてくれた。残念ながら、紙面に関係記事はなかった」

後で分かったことだが、記事は、本庁一部一課カルト班が依頼元だという。合同結婚式関係の分析資料のとりまとめで、N課長補佐（カルト班の班長。警視庁からの併任者）からの依頼。「そういえばアメリカに遊びに行ってる奴らがいるから、現地から記事を送ってもらえばいい」ということになったらしい。

　ワシントン・タイムズ社の主要記事などインターネットで閲覧できそうなものだが、と思いつつ、いかにも公安庁らしい要領の悪さに、昂揚した研修生活からしばし現実に引き戻される。

　研修所近くのファーストフード店でハンバーガーを食べる。西野氏、ハンバーガーの注文で苦戦。この日に限ったことではないが、飲食店の店員は、私たちが英語を話せて当然と思っている。講義とは違って、完全に自然な速さで喋るし、こちら側の発音も悪いのか、なかなか意思疎通がうまくいかない。逆に言うと、Q氏にしろ、サトウ氏にしろ、講師のジョーンズ氏にしろ、極めてゆっくりと話し、私たちの下手な英語でも根気強く耳を傾けていただいていた、ということになる。

　私はトラブルを避けるため一番簡単なメニューを注文していた（姑息！）。食事をとりながら、研修初日の感想を語り合う。

　一五：〇〇～一六：〇〇ころ

　Q氏に連れられて、“Cassel's Awards & Engraving, Inc.”という記念品販売店でＣＩＡグッズを買い物。ＣＩＡのロゴやエンブレムの入った、メダル、マグカップなどを販売している。ＣＩＡと直接の関係はないのだろうが、ゲスト用のみやげ物をここで用意している、ということなのだろう。浜崎氏がこのような店でクレジット・カードを使っていいものか心配する。Q氏に尋ねたところ、何ら問題ないとのこと。

一六：二〇ころ

ホテルに到着。スーツからカジュアルに着替える（講義初日は、講師と初対面ということもあって、スーツで正装していた）。

一六：三〇ころ

ロビーに集合。

一六：三〇～一七：三〇ころ

バンにて射撃場に移動。

一七：三〇～一八：三〇ころ

シューティングを初体験。拳銃はリボルバー式。このほうが初心者には安全であるとのこと。Q氏より、しっかりと両手を添えて撃つように指示がある。もちろん射撃は初めての経験である。

公安庁在職時代、外部の人から、「公安調査官は拳銃を携行しているのか」などとたびたび聞かれることがあった。念のために触れておくと、公安調査官にはそういう法的権限もないし、実務上も、拳銃を使うことなどあり得ない。そういう誤解が流布しているのは、公安＝スパイ＝特務という連想が、強固に働いているためであろう。したがって、拳銃を握ったことがあるのは、公安調査庁の中では、警察出身者か、個人的に海外で射撃を経験した者など、極めて一部の職員に限られる。この箇所の叙述を読んでも分かるとおり、私も銃器についてはまったくの素人である。

反動は思ったより少なかった。自分で撃つときよりも、人の撃つのを見ているほうが恐い。実際スタンディング・ポイントのはるか後方の天井にも弾痕があった。遠・近・中、三種類の標的を撃つ。私は一八発中五発、的に当たった。いずれも胸部であり急所は外れていた。一番遠い距離（二〇メートル?）では六発中一発当たった。

もっとも上手だったのは真淵氏。八割以上が、標的、それも頭部に命中していた。Q氏も"He is a sharp shooter."と誉めていた。ところで、最後にQ氏自らも、射撃の腕を披露。拳銃を握るや否や、片手で、アッという間に弾を撃ち尽くす。見事な早撃ちだった。もっとも的は外れていたのだが……。Q氏は、もともとCIA工作員である。あまりの手際の良さに、実戦でも使っているのだろうなあ、と漠然と思う。

一九：〇〇〜二〇：〇〇ころ

ショッピングセンターで買い物。浜崎氏が、スーパーで『ワシントン・タイムズ』の日曜版、『サンデー・タイムズ』を見つけ購入。合同結婚式の記事があったため。夜ホテルからFAXで本庁二部二課に送ろうとしたが、コピーが壊れていて、フロントに記事のコピーを頼まなければならなかったという。

なお、結局FAXは使えたものの、後日、裏返しで電送したことが判明。

二〇：〇〇〜二一：二〇ころ

ショッピングセンター内の日本食ファーストフード店で夕食。研修生のうち数名が「ソーメン」を頼んだところ、出てきたのは焼きうどんだった。私は「テリヤキ・チキン」を頼む。Q氏、浜崎氏と同じテーブル。投資の話となり、Q氏は「金を儲けるのは簡単なこと」と持論を展開。その後、人事の話となり、Q氏は七月からX国に赴任するとの話があった。また、「サトウ氏は、七月から通訳として日本に赴任することになっており、その準備のため明日当研修を離れ、いったん実家に帰る」という話があった。

二一：三〇ころ

ホテル到着。

二一：三〇～二二：三〇ころ

休憩。

二二：三〇～二四：三〇ころ

ホテル一階のバーへ。Q氏と見知らぬ外国人が話し込んでいた。Q氏によれば、バーで知り合ったらしい。その外国人が言うには、「自分は銀行員であり、コミュニケーション技術を専門に学んでいる」という。いずれもカウンターに座っており、席の配置は、店の入り口から銀行員某、Q氏、私の順だった。私は、見知らぬ〝友人〟の登場に多少うろたえていたが、程なくして八重崎氏が現れ、自称銀行員某とQ氏の間に席をとり、そつなく会話を交わしていた。スポーツの会話で盛り上がっていたようである。

私がやや間を持て余して、周りをうかがったところ、私の右隣に、昨日Q氏の左隣に座っていた人物と同一人物が座っているのに気がついた。若干のためらいの後、同人に話しかけたところ以下のようなやり取りがあった。

私「昨日もお見かけしたような気がするが」

某男「そのとおりである。昨日は、今あなたの左隣の男性（Q氏）の横に座っていた。あなたは日本から来たのか」

私「そのとおり」

某男「インドから観光に来ている。一五年前にアメリカに留学してMBAを取得し、帰国して建設会社を興した。マクドナルドなどの企業から仕事を受けて、店舗の建築、デザイン、人足の手配などを取り仕切っている。日本大使館とも仕事の面で交流がある。ところであなたの職業は何か」

私「日本のビジネスマンである。短期の研修で当地を訪れている。英語の勉強だ……ところで、インドと言えば、核実験に対して日本は強い態度に出ているが、そのことで国民の間で日本に対する反発はあるのか」

某男（唐突な話題にややうろたえていたが）「歴史を振り返れば、日本がインドの核実験に対して苛立つのは理解できる。（円借款の停止などの措置に関して）日本に対する国民の反発はそれほど大きくないと思う。アメリカの対応も予測の範囲であった。国民が怒っているのは、オーストラリアとニュージーランドに対してである。予期に反して、定期の航空便を取りやめたためである」

私「仄聞するところによれば、BJP（インド人民党）はその選挙綱領の中で、経済改革を強調しているという。そうだとすれば、今回の核実験は経済制裁を招くこととなり、経済改革という当初の意図に反する結果を招くことは予想できたのではないか」

某男「経済制裁自体は大したことではない（同人は具体的な数字を挙げたが失念した）。一〇億の人数で割れば、一人当たりの額は知れている（!?）。さらに、経済制裁といっても本音と建前は違う。知っているかもしれないが、実験五日後に、ニューデリーで現在計画されている地下鉄計画の工事を、日本の法人が受注した……。今回の実験の目的は中国に対抗するための軍備増強である。インドは三か月以内に射程四、〇〇〇キロメートルのミサイルを完成するだろう」

私「かなり事情に通じておられるようだが、情報源は何か。新聞に載っているのか」

某男「これはインド大衆の常識である。数年内にさらに射程八、〇〇〇キロのミサイルを、近い将来に静止衛星を打ち上げるだろう。軍事的に考えれば当然の成り行きである」

私「私も個人的に中国は潜在的脅威であると考えている」

某男「しかし日本は憲法上軍備の制約があるのではないのか。アメリカは市場を目当てに中国の機嫌をとっているが、いずれ背後から“kiff off”（蹴って追い払う）されることになるだろう。アメリカは五、六年先の利害しか考えていない。片や中国は百年先のことを考えている。南沙諸島を見ても分かるとおり、徐々に領域を拡張しようとしているのは明らかである。我々はそれに備えなければならない。ところで沖縄についてどう考えるか」

私「沖縄には歴史的に独自の文化があり、本土に対して微妙な感情を持っているようである」

某男「天皇（emperor）についてはどう考えるか。天皇に名前はあるのか。先日も英国を訪れていたではないか。ハシモトではなかったか」

私「それは首相の名前である。いずれにせよ、普通の日本人からすれば、“emperor”という表現自体に違和感がある。学校教育では、天皇は“symbol”であると教えられているからである。随分日本のことをご存知のようだが」

某男「インターネットでいろいろな情報を見ている。実はこの後、旅行の途上、日本に一日だけ滞在する予定である。日本庭園に関心があるので是非訪れてみたい。きれいに掃きそろえられた砂の上に、幾つかの石が並べられているような庭園の写真をインターネットで見た」

私「どの都市に行かれるつもりか」

某男「トーキョーである」

私「東京にそのような庭園はないのではないか」

某男「いや確認している（具体的な地名は挙げなかった）。ギンザはどんな街か」

私「高級な店が集まっているというイメージである。少なくとも庭園はないだろう」

この時点で二四：〇〇前だったのだろうか。某男の息子であるという一〇歳前後の男の子が、バーに現れ、何かせがんでいた。鍵のトラブル（カード式の鍵であった）で部屋がうまく開かない様子だった。某男は男の子をなだめて、いったん部屋の前で待つように言って帰し、私とさらに一〇分程度、話を続けた。

「息子は一二歳になるが、実は私も同じ年齢のときに父親に連れられてアメリカを旅行した。大変よい経験だったので、今度は私が自分の息子を連れてきている。息子は数学が得意で、コンピュータなど、私以上に使える」と語ったので、私は「良い伝統ですね」と答えた。

その後再度、前の男の子が現れた。某男はすぐに行くといって、男の子を帰し、私に名刺を手渡した。「××××Construction Ltd.」という、ニューデリーにある会社で、某男実はその建設会社の社長であることが分かった。

某男との会話を終えて、振り向いたところ、Q氏、八重崎氏、銀行員某は依然話を続けていた。少し前に浜崎氏もバーに来ていた様子で、八重崎氏の近くに席をとっていた。私も横に座って、話を聞いていたところ、程なくして、銀行員某は私たちに挨拶をし、Q氏と八重崎氏に握手をして席をたった。

その後、Q氏に対して、先ほどの某男との会話の要旨を伝えた。Q氏は興味深そうに聞いていた。

二四：二〇分ころバーを出た。エレベーターに乗るため通路を歩いている間、Q氏と、次のようなやりとりがあった。

Q氏「ああ、それは私も気がついていた……」
私「昨晩あなたの隣に座っていて、今晩私の隣に席をとっていたからです」
Q氏「どうしてそのように思うのか」
私「先ほどのインド人はひょっとして貴局の職員ではないかと思ったからです」
Q氏「どうしてか」
私「いやいや今晩は少し興奮しました」

私はかなり酩酊していたため、Q氏の表情を読み取ることができなかった。
「単にジョークを言ったまでです」と言って笑って、浜崎氏、八重崎氏、Q氏とともにエレベーターに乗った。

二五：〇〇ころ
簡単に今日の会話のメモをとり、シャワーを浴びて就寝した。

**九八年六月一六日（ワシントンDC、火曜日）――研修第四日目――講義第二日目**

〇六：〇〇ころ

起床。

〇七：〇〇～〇七：三〇ころ

ホテル二階で朝食。

〇八：二〇ころ

ロビー集合。

〇八：三〇～一三：三〇ころ

当日講師のほうから研修生のグループ分けを行う旨の報告があった。八重崎氏、真淵氏、高梨氏のチームと、浜崎氏、東氏、西野氏、私のチームの二グループである。

一三：三〇～一四：三〇ころ

ファーストフード店で食事。サトウ氏と真淵氏と同じテーブルにつく。サトウ氏に「昨日Q氏より、あなたが七月から日本に通訳として赴任するという話を聞いたが」と聞くと、「正確には通訳ではないのだが……私は日本語がそれほど上手ではないので」と言う。もちろん、サトウ氏は、完全な日本語を話せる（ただし、研修中は話さなかったが）。

射撃場の話題から、「昨日あなた方が訪れた射撃場に暴力団が来ていたことがある」とサトウ氏。「昨年観光で神戸を訪れたが、私がホテル（新神戸オリエンタルホテル）に泊まっているときに、山口組ナンバー2の宅見勝暗殺事件が起こった」とのこと。私が「調査で神戸に行っていたのか」と聞くと笑っていた。

このときだけに限らず、サトウ氏は我々の話に対してよく愛想笑いをしていた。しかし、私の狭い経験からだが、アメリカ人は普通、意味のない愛想笑いは浮かべないように思う。同氏が愛想笑いをするとき、あまりにも日本人らしい表情なので、逆にいつも不自然な印象を受けた。愛想笑いだけに限らず、ちょっとした身振りなどが、日本人の目から見て、ごく自然なのである。アメリカ社会で育ったはずの日系人であるサトウ氏が、こうした自然な所作を何の労もなく身につけたとは考えにくい。日本人と話すときに自然なように後天的に訓練したものではなかろうか。

おそらくCIAには、我々の研修を担当した日系サトウ氏のような人物が、ほかにも多数いるのだろう。日系だけではなく、フィリピンにはフィリピン系〝サトウ氏〟が、ベトナムにはベトナム系〝サトウ氏〟というように、無数の〝サトウ〟氏が存在するのではないか。まさにCIAの潜在的力量であるとも言え、その影には微かな戦慄を覚えざるを得ない。

話題は変わるが、CIAは日本国内での関連出版物にも、当然といえば当然ではあるが、丹念に目を通しているようである。平成八年、ジャーナリストの矢部武氏が『CIAとアメリカ』（広済堂。すでに絶版）という著作を発表した。公安庁がこれを知ったのはかなり後のことで、それもまったく職員個人の関心に寄るものだった。後日、CIA機関員との間で話題に上った際に告げられたらしいが、本は出版されるや否や全訳されて、即座に本国に報告されていたのだという。本書もその例に漏れないであろうことは言うまでもないが、少なくともゲラの段階での流出がないことを期待するばかりである。

同様な例で、ＦＢＩが必要としているというので、平成八年後半、連合赤軍坂口弘死刑囚の著作をまとめて送るよう手配を頼まれたことがある。「どうして今、連赤なのか」と今なお疑問に思うが、いずれにせよ、ひるがえって日本を見ると、たとえ公然資料程度ではあっても、公安庁はここまで海外動向を貪欲に把握しようとしていないし、する能力がない。彼我の機関の力量には歴然たる差があるのである。

一四：三〇～一五：〇〇ころ
ワシントンＤＣに移動。
一五：〇〇～一五：一五ころ
しばらくＦＢＩ本部付近を散策。リンカーンが暗殺された「フォード劇場」などを見学。
一五：一五～一七：一五ころ
ＦＢＩツアー。ツアー自体はまったく一般観光客のためのものであり、ＦＢＩ側とは、公式・非公式を問わずまったく接触がなかった。ただ、ツアー参加の手配は、サトウ氏の労によるものである。

ツアーには子供が多数参加しており、展示自体もそれほど目新しいものとは思われなかったので、私は正直言って少々退屈であったし、研修の疲れもあって幾たびも睡魔に襲われた。

実を言うと、平成八年度の研修生は、ＦＢＩ職員と面会する機会があったのだという。その際にちょっとした〝出来事〟があった。

公安庁は国内・国外調査両方を行っている調査機関であるので、そのことを捉えて、Q氏はFBI職員に、「PSIAは、ちょうどCIAとFBIとを併せたような機関である」と紹介したのだという。かなり大仰な表現だが、Q氏としては何の悪意もなかったようだ。ところが、FBI職員は、公安庁側の研修生を見回して、ケラケラと失笑したそうである。あまりに失礼な態度に、Q氏自身も憮然としていた由であるが、そのFBI職員にしてみれば、どう見ても情報機関員には見えない貧相な東洋人の一行を紹介するのに、自分たちを引き合いに出されるのは我慢ならなかったのであろう。

この一件が影響したのかどうか定かではないが、私たちは、FBI職員と接触することも、記念撮影などすることもなく、ツアーを終えた。

一七：一五～一八：〇〇ころ

バンに乗車したまま、日本大使館、DC付近の高級住宅街などを見学。

一八：〇〇～一八：三〇ころ

バンで、本日夕食をとることになる日本料理店に移動。サトウ氏によれば統一教会系のレストラン×××であるとのこと（研修最終日の会食の席で日本課長が語ったところによれば、同レストランは現地日本大使館員によってしばしば使用されているという）。

私は会話に加わらなかったのでよく分からないが、真淵氏がサトウ氏に対して、ヤマギシズム、顕正会など、公安庁が認識するところの〝日本のカルト集団〟について話をしていたようである。

ヤマギシズムは「三重県に本部を置いて無所有一体の共同社会を形成している。学校法人設立を画策している」などの基本的話。

一八：三〇～一九：三〇ころ

会食。サトウ氏の年齢についての話題。Q氏から「ジェームズは老けている。私より一回り上の五五歳である」などの話があった。三五歳、あるいはQ氏と同年齢という話もあった（誰が話したか失念した）。私にはサトウ氏が随分若くみえた。一六歳の娘さんがいるということから判断して、四〇代前半くらいではなかろうか。

どういうわけか、西野女史がサトウ氏に「日本のアイドル・グループなどに関心はあるのか」と尋ねる。サトウ氏は「SMAPのファンである。韓国版の海賊ビデオなどで見ている」などと言う。西野氏がさらに「SMAPの中で誰のファンか」と聞いて、同氏が「イナガキ　ゴロウである。"He is cute."」と答えたのには、私も思わず言葉を失い、曖昧に笑うだけであった。

二〇：〇〇ころ

ホテル・ロビーに到着。

二一：三〇～二三：三〇ころ

浜崎氏の部屋に集合して宿題。他に西野氏、東氏。グループ別に解答を用意する段取りになっていた。

二三：三〇～二四：四〇ころ

一階のバーに集合。Q氏も参加。バーに来る前、ホテルのプールで一泳ぎしてきたとのこと。真淵氏、八重崎氏と株式投資の話で盛り上がっていた模様。私は東氏とともにカルト調査の展望について話し合っていた。

**九八年六月一七日（ワシントンDC、水曜日）――研修第五日目――講義第三日目**

〇六：三〇ころ
起床。
〇七：〇〇～〇七：三〇ころ
朝食。
〇八：二〇ころ
ロビー集合。研修所へ。
〇八：三〇～一二：四五ころ
サトウ氏は途中で席をたったように記憶している。
本日の観光予定である暗号博物館が午後三時で閉館するため、前日より一時間程度早く授業を終了した。
一三：〇〇～一三：四五ころ
研修所を出発し、バンで暗号博物館（メリーランド州フォート・ミード）へ移動。ハイウェイに乗って四五分かかった。昼食は抜き。目的地付近でＮＳＡ（National Security Agency＝国家安全保障庁）の本部建物を見る。広大な駐車場の中ほどに、現代的な巨大建築物が屹立している。冷たいその外観は、機能性と合理性の象徴のように思え、無言の威圧感を感じる。まさに〝電子の要塞〟という印象だ。もちろん、内部に立ち入ったわけではなく、素通り。

暗号博物館はＮＳＡの付属施設である。

なお、平成六年七月外務省国際情報局国際情報課作成の『信号情報ＳＩＧＩＮＴの世界』では、ＮＳＡについて次のように解説している。

「ＮＳＡ（国家安全保障庁）は米国情報コミュニティーの中で最も厚い秘密のヴェールに包まれた機関であり、発足後40年以上が経過した今日でもその名称以外はその活動等、何ら実態が公表されていない。……（略）……同機関は米国のＳＩＧＩＮＴ活動に関する全権を掌握し、事実上地球上の全ての信号情報を入手できるほどの能力と施設を保持し、倫理的・道徳的に議論の多い傍聴活動に従事しているのであるから、同機関は米国内の公的機関としては極めて特殊な地位を認められた存在であると言えよう。」

一三：五五～一五：一〇ころ

暗号博物館に入館。ツアー・ガイドに付いて館内見学。エニグマ暗号（第二次大戦中ナチス・ドイツが使用した暗号）、紫暗号（大戦中日本軍が使用した暗号）、ヴェノナ計画（ソ連暗号通信の解読計画）など興味深い歴史的展示物とともに、衛星通信、コンピュータ解析、指紋照合装置など比較的新しい暗号技術についての展示もあった。

紫暗号の展示コーナーでは、私たちが日本人であったせいであるからかもしれないが、初老の館内ガイド（ＮＳＡのバッジを付けていた。ＮＳＡ退職者だろうか？）が、説明の際、山本五十六を評価していて、若干驚かされた。ガイドが説明する。

「ヤマモトはこの付近をヒッチハイクしたこともあるほど、アメリカの良き理解者であった（山本は駐米武官であった）。その彼がアメリカに矛を向けることとなったのは、軍人として当時の日本の指導部に従ったからに過ぎない。ヤマモトはミッドウェー海戦の敗北後、撃墜死したが（米側の暗号解読によって行程が把握されていたためだという）、あえて“kill”という表現は使わず“toll”（弔いの鐘などをゆるやかにつく）という表現を使いたい。」

午後三時が閉館時間だったが、閉館間際、件のガイドに「館内の写真を撮ってもよいか」と尋ねると、「何ら問題ない」とのこと。そこで私が「あなたの解説は非常に印象的だった。アメリカ人であるあなたが、山本五十六を評価しているのは意外だった」と話すと、「彼は尊敬できる軍人である。歴史の評価は見るものの立場によって変わる。日本には日本の、イスラエルにはイスラエルの歴史観（目の前にイスラエルの展示があったため）がある。違った“perspective”（観点）からものを見ることも必要である……実は私は今から一〇年ほど前、一年間日本に住んでいたことがある。東京の青山に住んでいた」と語っていた。

博物館を出て何枚か記念写真を撮った。Ｑ氏に、ガイドが日本に住んでいたそうであることを伝えると、「どのような資格で日本に来ていたのか。大使館員だったのか」などと尋ねられた。「そこまで聞いていなかった」と回答。

Q氏は博物館に退屈していたようだった。「展示が古すぎる」と愚痴をこぼす。

浜崎氏は、「公安庁では暗号解読・作成のノウハウがまったくないので、大変参考になった」としきりに感激していた。公安庁に暗号のノウハウがまったくなく、実務上も使用していないことは（単なる符牒や容易に解読可能な原始的暗号を除く）、実のところ、公安庁が収集している情報について、真に秘匿を要すべきものはなんら存在しない、つまりそれだけ重要な情報は収集されていない、ということを意味している。

もともとCIAやNSAといった巨大情報機関と公安庁を比較すること自体、荒唐無稽なことなのかもしれないが、あらためて彼我の力量の差を感じさせられる事実ではある。

一五：一〇～一六：〇〇ころ

ボルチモア港に移動。

一六：〇〇～一七：〇〇ころ

港沖のレストランでカニ料理を食べる。昼食を抜いて空腹だったこともあり、Q氏の薦めるクラブ・ケーキを注文した。大量の揚げ物の盛り合わせだった。私には、カニもエビも魚のフライもすべて同じ味のように思え、空腹であったにもかかわらず、すぐに満腹感を覚えた。体の大きさを差し引いても、どうしてアメリカ人は、こんなにたくさんのものを胃袋の中に、収められるのだろう？　研修中、最も印象に残ったことの一つである。

一七：〇〇～一八：三〇ころ

Q氏は食事後、我々を水族館に招く予定だったようだが、あいにくチケットの発売時間外だったため、入館できなかった。平成九年度の研修生によれば、昨年度も水族館は時間外で入館できなかったという。

その後しばらく、ボルチモア港沖を散策して記念撮影などを行った。一八：〇〇に運転手が待ち合わせ場所に来る予定だったが、連絡がうまくいかず三〇分間待つことになった。

一八：三〇～一九：四〇ころ

バンでホテルまで移動。Q氏と運転手との間で以下のようなやり取り。

Q氏「相当待っていたぞ」
運転手「さっき見に行ったけど誰もいなかった」
Q氏「電話したのに出なかったじゃないか」
運転手「……」
Q氏「五時三〇分に待ち合わせと言ったのを聞いていなかったのか！（怒）」
運転手「……」

一九：四〇～二二：〇〇ころ
仮眠。
二二：〇〇～二二：三〇ころ
洗濯。
二二：三〇～二四：三〇ころ
一階のバーには八重崎氏、浜崎氏がいた。Q氏は、昨日同様ホテルのプールで一泳ぎしてきた由。Q氏から研修生についての感想。全員よく講義に参加しており評価できると励まされた。
「今年の講師であるデニス・ジョーンズ氏は、たしか元NIC副議長であり、かなり高位の人物である。アメリカの公務員には1～15GSという等級があるが、氏はSIS（Senior Intelligence Service）という特別職待遇なのではないか。定年退職後、年契約で勤務しているのであろう（ジョーンズ氏は五七歳と自称）。ちなみにCIAの定年退職は六〇歳であるが、最近では早期退職制度が進められており、五五歳で退職金をもらって退職できる。海外勤務経験があれば五〇歳から退職できる」
二五：〇〇ころ
就寝。

## 九八年六月一八日（ワシントンDC、木曜日）――研修第六日目――講義第四日目

〇五：〇〇ころ

起床。入浴。洗濯物干し。

〇七：〇〇ころ

ホテル二階で朝食。八重崎氏より、ブリーフィング・テーマについて、私が希望した中国から朝鮮に変更になったとの報告あり。

〇八：二〇ころ

一階ロビーに集合。

〇八：三〇～一四：〇〇ころ

前日研修を早めに切り上げたため、本日は授業を延長。Q氏は午前中、ブリーフィングのためCIA本部へ。午前中の授業はかなり充実していた。講師も満足していた様子であった。

昼食は、中華料理を注文して、教室で食べた。出前もやはり圧倒的なボリュームで、少し辟易。私が、昨日の、暗号博物館のガイドの話を紹介したところ、ジョーンズ氏の反応はあまり芳しくなかった。山本五十六云々の話で、軍国主義的偏向があるとでも思われたのだろうか？　少し反省。「日本に行ったことがあるか」と尋ねたところ「ない」ということだった。

午後になって、Q氏も授業に参加した。後に氏が語ったことであるが、昼食後、講師も含めて

全員がかなり疲れた様子だったので驚いたということである。

一四：〇〇ころ

八重崎氏、高梨氏、真淵氏は、Q氏の車に乗って、グッチ専門店、コンピュータ館に向かった。浜崎氏、東氏、西野氏及び私は、ホテルに戻って休憩することとした。

一四：三〇～一五：三〇ころ

仮眠。

一五：三〇～一九：〇〇ころ

浜崎氏の部屋に集合して、自分たちのチームの宿題を準備。意見がまとまらず時間ばかり費やした。

一九：〇〇～二一：四五ころ

イタリア料理店で夕食。Q氏が「今日は（CIA本部での）ブリーフィングで大変疲れた」と言ったので、私が「ブリーフィングのテーマは……？」と言いながら、我々自身を手で指し示すと、氏は「そのとおり」と言って快活に笑った。

週明けのCIA本部訪問時の予定について。当初旧庁舎七階のダイニング・ルームで会食する予定だったが、三つある部屋（浜崎氏によれば「一つは長官専用。他の二つももともと幹部クラス用である」由）がすべて予約されていたために、結局外部のレストランで日本課長と会食することになったという。

会食中、Q氏が語る。

「一九七八年に、CIAの工作員研修に参加して、パラシュート降下訓練を五回体験した。磁石と地図だけを持って砂漠に降下し、五日間で目的地に到達するという訓練である。当時は世界情勢が緊迫していたので、工作員研修の中でこのような準軍事的訓練を行った。現在、同研修でこの種の訓練は行われていない。私も実戦でパラシュート降下をしたことはない。ただし特殊任務を行う部隊は今も存在する。その重要性は現在も変わっていない」

「あなたは二五年以上の勤務経験があると言っていたが、計算すると、入局後五年以上経過して工作員研修を受けたことになる。これはいかなる理由によるものか」と尋ねると、「米国籍はもちろんとっていたが、外国人であったためセキュリティーのチェックが厳しかった。入局後しばらくは管理部門などを転々とした。工作員研修を受けたのが遅れたのはそのせいである」との回答。

Q氏は幾分ほろ酔い加減だったのだろうか、過去リビアに対して行われたオペレーションについて、「私はフランスという国を信用していない。作戦の協力を拒否しながら、一旦作戦が成功裏に終わったとなると、あたかも自らの功績のように吹聴するからである」などと饒舌に語る。

また、会話の最中、奇しくもQ氏の誕生日と浜崎氏の誕生日が同じであることが分かった。

……レストランから帰る途中、一同から少し離れて、Q氏と八重崎氏が何やら話し込んでいた。ほどなくして、八重崎氏が近づいてきて言う。

「Q氏から、野田さんと私の三人で、他日、夜どこかに飲みにいかないか、との誘いがあった。Q氏は、君はよく出来ると言っている。都合はどうか」
「もちろんO．K．」と答えた。
何やら秘密めいた申し出に、私はかすかな興奮と緊張を覚えざるを得なかった。
二一：四五〜二二：〇〇ころ
ホテルに戻って身支度を整える。
二二：〇〇〜二三：三〇ころ
宿題が終わっていないにもかかわらずバーに集合。浜崎氏、八重崎氏らはビリヤードを楽しんでいた。私は、Q氏からダーツの遊び方を教わっていた。途中気づいたことだが、Q氏は昨日と同様、我々がバーにいる間、長時間電話をかけていた。
二三：三〇ころ
就寝（実は仮眠）。

**九八年六月一九日（ワシントンDC、金曜日）——研修第七日目——講義最終日**

〇一：三〇〜〇二：〇〇ころ
目を覚まして、シャワーを浴びる。
〇二：〇〇〜〇四：三〇ころ

与えられた架空の「事実」に基づき、報告書をまとめるという宿題にとりかかる。

〇四：三〇～〇七：三〇ころ

再度仮眠。

〇七：三〇ころ

起床。身支度。

〇八：二〇ころ

ロビー集合。バンで研修所に移動。

〇八：三〇～一二：〇〇ころ

ジョーンズ氏は当日午後二時の飛行機に乗るため、若干早めに授業を終えた。研修生一同よく健闘した旨の講評があった。ジョーンズ氏におみやげの絵扇（梅柄）を渡す（プレゼントは普通、一番最初に渡すものなのかもしれないが……）。最後に、ジョーンズ氏らしいパフォーマンス。

ジョーンズ氏「手元にある、いらない紙をまるめてボール状にしてください……。いいですか？

それでは、後ろ（黒板と反対方向）を向いて、そのまま、自分が向いているのと反対側に（つまり黒板方向に）、ボールを投げてください」

一同趣旨が分からずに、言われるままに体の向きを変え、ボールを投げる。

「それではもう一度前を向いてください。標的は黒板の前に置かれた、この椅子です。しかし、どのボールも標的に当たりませんでした。どうしてか分かりますか」

研修生A「標的が見えなかったから」

ジョーンズ氏「それもあるでしょう……」

研修生B「そもそも何が標的か知らなかった」

ジョーンズ氏「そのとおり！　我々は、情報分析において、ターゲット（分析対象と情報消費者の両方）を知らなければならないということです」

一二：〇〇～一二：三〇ころ

ジョーンズ氏退出後、アンケート。これまでの講義に対する講評を書き込む。

一三：〇〇～一四：四〇ころ

一四：四〇～一四：五五ころ

メキシコ料理。

ホテル近くのショッピングセンターに移動。

一四：五五～一六：四五ころ

本屋、コンピュータ店、衣料品店でショッピング。私は本屋で“TARGET U.S.A The Inside Story of the New Terrorist War”及び“The U.S. Intelligence Community”の二点を購入。

待ち合わせの最中、「以前、渋谷区恵比寿にある公安調査庁研修寮近くの、外国人向けバーでバイトをしていたときに、自称元CIA職員と知り合ったことがある」と真淵氏が言う。

一六：四五～一七：〇〇ころ

バンでホテルまで移動。

一七：〇〇～二〇：〇〇ころ

部屋で休憩。睡眠。

二〇：〇〇ころ

ロビーに集合。

二〇：一五～二二：〇〇ころ

韓国料理店で焼肉を食べる。この日Q氏は、運転手のW氏も食事とカラオケに参加するように誘ったが、同氏は拒否。歌が苦手だということ（これまでW氏が、運転以外で、我々と行動を共にしたことはなかった）。

Q氏より研修全体についての講評があった。

「例年講義に対して研修生からの反応がない（しかし、過去の研修報告を見ると、いずれも活発な議論が交わされた旨記述されており、真偽は不明である）。実は始まる前に、講師に、研修生から質問が出なくても淡々と講義を進めるようにアドバイスしていた。研修初日から質問がたくさん出されたので、驚いて講師と密かに目を見合わせたほどである。研修生全員が参加して非常に成果が上がったと思う。研修生も非常に優秀である。これはお世辞でも、社交辞令でもなく、まったくの本心である。少なくとも、私が担当した中では、一番優秀であったし、成果も上がった（Q氏は、これまでに平成八、九年度の研修を担当していた）」と激賞。

ただ、毎年同じような〝激賞〟をしている節も窺え、額面どおりには受け取れないとも思う。だいたいが、アメリカ人は、人を褒めることにおいて言葉を惜しまないような気もする。しかし、わざわざ前の研修参加者を引き合いに出したりするところを見ると、それはそれなりに評価されていたのかもしれない、と一応納得。

宴たけなわで東氏が語学（タガログ語、インドネシア語、ほか多数）に関する蘊蓄、似顔絵の特技などを披露。Q氏もやや驚いていた。

二二：〇〇〜二三：〇〇ころ

焼肉店内のカラオケ・ボックスに入る。Q氏「ベッサメ・ムーチョ」を歌う。二曲目の歌（“Say you, Say me”、ライオネル・リッチー）は音をはずしていた。

東氏英語で「ドナドナ」を歌う。一同爆笑。

浜崎氏、テレサ・テンの歌を中国語で熱唱。八重崎氏によれば「ゼンジー北京を彷彿とさせた」とのこと。西野氏「離別（イビョル）」などの韓国歌謡を歌う。意外にも美声であることに全員驚く。西野氏が最後に「いい日旅立ち」を歌って会を終了する。それにしても飛びぬけて歌が上手だった。

二三：〇〇〜二三：一〇ころ

ホテルに戻る。

二三：三〇〜二五：〇〇ころ

一階のバー。東氏とカルト調査などについて議論。

「公安調査庁は、従来の左右勢力の範疇に収まらない国内公安動向全般についても、積極的に情報収集する旨、組織改革の方向性を打ち出し、対外的にも公表されている（たとえば平成七年一月一日付『信濃毎日新聞』。共同通信配信なので全国の地方紙に掲載された）。

国内公安動向というのは、未だ定まった概念ではなく、本庁の分析者、現場の情報収集者共に、そのイメージについて混乱が見られるが、破壊的団体の規制調査に必ずしもとらわれない、政治・選挙、労働・経済、大衆・市民運動（一部環境保護団体や人権擁護団体等）、法曹・文化・教育さらにカルト団体に対する調査を指すものと、漠然と受け止められている。

このうちカルト調査は、オウム事件を見るまでもなく、今後の公安調査の主要な眼目となることは容易に想像できる。にもかかわらず、内部では、未だキワモノとしか位置付けられていないようだ。その証拠に本庁調査一部一課カルト班の班長は、警視庁からの併任者で、人員も全部で三名に過ぎない。

一課の公安庁生え抜き幹部の認識では、警視庁併任者のような部外者には、カルト調査をやらせておけば十分、選挙の仕事などやらせられない、重要情報は渡せない、ということなのだろうか。日本共産党調査第一主義の旧弊を未だに引きずっているのではないか？

カルトだけでなく、阪神大震災の被災地調査でも同じだ。被災地調査は、国内公安動向調査のいわばリーディング・ケースであり、本来なら、担当課を挙げて調査に取り組んでいてもおかしくないはずだ。ところが、分析・とりまとめは、やはり警視庁併任者に一任していたのだという。未知の仕事、難しい仕事は、部外者に丸投げしてしまう。その癖、対外的には、公安調査庁はカルト対策にも取り組んでいるなどともっともらしく喧伝する。相も変わらぬ体質なのだが、いったい公安庁は、これからどうなるのだろうか……」（なお、平成一一年一一月二五日付『東京新聞』記事「市民運動を破壊団体扱い、公安調査庁が指示」でも明らかにされたように、公安庁は、カルトだけでなく、たとえば市民オンブズマンの活動についても調査している。内部資料である平成八年一〇月二日付水曜会資料「市民オンブズマン運動の現状と見通し」を見ると、「……本年は『カラ主張』の追及に矛先を移し、全国大会の場で調査結果を発表するとともに、都道府県知事に対する徹底した実態解明の要求、刑事告発、情報公開訴訟の提起に取り組む」などと、至極まともな活動までも〝有害〟であるかのように記述されている。国内公安動向調査については、少なくとも現行法からは逸脱した調査活動になる傾向が強いために、調査の当否については内部でも疑問を呈する向きがある）。

その後八重崎氏、高梨氏、東氏とともにダーツ競技。Q氏は得点を計算していた。他のメンバーはビリヤード競技。Q氏はやや疲れていた様子。

二五：〇〇ころ

就寝。

### 九八年六月二〇日（ワシントンDC、土曜日）——研修第八日目

〇七：〇〇ころ

起床。入浴。

〇七：三〇～〇八：〇〇ころ

コーヒーを飲む。本日は朝食をとらず。

〇八：三〇ころ

ロビー集合。バンで、本日の目的地である「アンナ湖」に向かう。

車中、Q氏に、最終日のブリーフィングの際、もし可能であればアウトラインのようなものを当日配付願えないか、と交渉する。私は「研修生のリスニング・レベルが低いため、資料なしでは、ブリーフィング内容を誤解して本庁に報告してしまう可能性があり危険である」などとワケノワカラナイ説明を展開。できるだけＣＩＡ側から情報を得たいという意図と、報告書を書くのもそのほうが簡単（！）という本音もあった。Q氏は検討する旨語ったが、あまり乗り気でない様子。だいたい情報機関の世界では、保秘や情報漏れの危険を避けるため、〝書いたもの〟をあ

まりやりとりしないというのが原則なので、今考えてもあまりにも常識に欠けた申し出であったと恐縮する。

このときは八重崎氏と相談して、機会を捉えて、再度お願いすることとした。

一〇：〇〇～一三：〇〇ころ

現地ログハウスに到着（ホストのM・J夫妻のログハウスは、土地も含んで一、五〇〇万円相当。友人と共同で出資したものだという）。夫妻の歓迎を受ける。ボート、水上スキー、スイミング、カヌー、釣りなど、なんでも自由に楽しんでほしいとのこと。

住居内一階には中国風の掛け軸が、二階にはアフリカ大陸を象った置き時計など、国際色豊かな装飾品が備えられていた。一階トイレに向かう通路には"Suddam Hussein Boulevard（大通りの意）"という縦約二〇センチ、横約五〇センチの木製のプレートが飾られていた。二階階段を上がって左側の壁には数多くの証書類や感謝状が額に収められて掲示されているのが目に付いた。内容のメモをとる余裕がなかったが、"Certificate of the Department of State"と書かれた証書が額に収められていた。中には"Bill Clinton"の署名のあるものもあった。

湖では、カヌーやボートを楽しんだ。高速ボートで湖を周遊。ログハウスから約四キロ離れた湖畔に原子力発電所があった。水泳をはじめ、ウォーター・スポーツを楽しんでいる者が多数いたほか、三、〇〇〇万円代で売り出されているログハウスも数軒あるということだった。原発脇には牧場があった。羊が湖の水を飲みに来るらしい。付近住民は放射能汚染の可能性などまったく意に介していない様子。もっとも湖に放出されている水には、当然、理論上放射能汚染の恐れはないのだろうが……。ご主人が湖を指して“big fish!”と言っていた。「放射能で巨大化した魚」というイメージが浮かんで、思わず苦笑。

運転手のW氏も、ログハウスにいる間、我々と行動を共にした。水上スキーには東氏と真淵氏、それにW氏が挑戦したが、成功したのはW氏だけだった（W氏は身長一八五センチ以上の巨漢である）。

湖を最も満喫していたのは東氏と西野氏である。両者、まるで温泉に浸かっているように、浮き輪で長時間水面に漂っていた。東氏は、Q氏からバタフライの泳ぎ方を習っていた。Q氏は溺れた者の救命方法なども披露。工作員として必須の訓練だという。

Q氏によると、ホワイトハウスでの記念写真を収めた使い捨てカメラを、着替えた海水パンツのポケットに入れてしまい、気づかずに水に入ってしまった。そのため、残念なことにワシントンでの記念写真がすべてふいになってしまった可能性があるとのこと。カラオケのときの写真は残っていると言っていたが……。

そんな間抜けたことがあるはずがない。記念写真にまずい人物でも写っていたのか……などと勘ぐるのは、いつもの私の悪い癖なのだろうか？

一三：〇〇～一五：〇〇ころ

鳥のバーベキュー。テーブルクロスは星条旗。またもや大量の食事。夫妻が、茹でたトウモロコシに、チューブ式のバターをべったりと塗りつけていた。朝食抜きで比較的空腹であったにもかかわらず、すぐに満腹感を覚える。食べている間に何か物足りないと感じていると、醤油だと気がついた。せっかくの料理を残すのは失礼にあたると思いつつも、物理的限界には勝てない。傍らには、山のように鳥のバーベキューが積まれている。鳥、鳥、鳥なのである。M・J氏を見ると、ペットボトルごとペプシをがぶ飲みしている。私はとりたてて少食であるわけでもないが、根本的に食生活が違うと思った。

しばらくリビングなどで全員休憩。

一五：〇〇～一八：三〇ころ

私は日に当たって疲れていたこともあって、二階のベッドで仮眠。ぐっすり眠っている間に、他のメンバーは、引き続き午前と同様の活動を楽しんでいた様子である。二時間半ほど眠った後、帰ってきた他のメンバーとともに、コーヒーなどを飲む。Q氏から「疲れているのか」と聞かれる。「眠たかっただけです」と返答。

一八：五〇～二〇：三〇ころ

ホストの夫妻に別れを告げ、ホテルへと向かう。来るときには印象に残っていなかったが、ログハウスの入り口付近にも星条旗が掲げられていた。

二〇：三〇～二一：〇〇ころ

ホテル到着後軽くシャワーを浴びる。かなり日焼けしたのか、チリチリと皮膚が痛む。

二一：〇〇～二三：二〇ころ

二一：〇〇ころロビー集合。東氏と高梨氏は夕食に参加せず。自室で休憩することにした様子。〝レクリエーション〟は、他のメンバーにとっても、かなり骨の折れるものだったようだ。

ロビーで待ち合わせしていたときにも改めて感じたが、Q氏は噂どおりの女好きであるようだ。スタイルのいい女性が目の前を通り過ぎると、私を小突きながら、“Nice tits.”（「いい胸してるねぇ」）などと言って本当に嬉しそうに笑っていた。Q氏の素顔を見た思いで安心する瞬間である。

その後夕食をとるべく、ホテルから歩いて五分ほどのベトナム料理店へ。食事を楽しんでいるところで、八重崎氏からQ氏にブリーフィング・ペーパーの件で配慮願いたい旨再度提案があった。Q氏は「そもそものようなペーパーがあるのかどうか分からない（つまり、ブリーフィングの原稿のようなものがあるかどうか分からないということ）」と言う。私が「アウトラインのないブリーフィングなど考えられるだろうか。講師のジョーンズ氏も、CIAでは、ブリーフィングのアウトラインは共有ボックスに保管されていて、いつでも誰でもブリーフィングできるようなシステムになっている旨語っていた。形に残るようなペーパーを残したくないことぐらい百も承知だが、語学上の問題があることとの特例として是非配慮願いたい。誤った情報が伝わることのほうが危険ではないかと思う」旨語ったところ、Q氏から「もし渡せるものがあれば手配する」との返事を得た。

Q氏が浜崎氏に「あなたは、我々の在日組織のナンバー2によく似ている。容貌だけでなく、しぐさ、考え方もそっくりだ」と言う。帰国してからの懇親会の席で、実際にQ氏の言葉どおりだったことを実感した。

食事を一通り終えて飲み物を飲んでいる間、本研修制度のあり方などについて、Q氏、浜崎氏、私の間で以下のようなやり取りがあった。

Q氏「今回分析研修の講師にジョーンズ氏を迎えられたことは大変有意義だったと思う。彼はホワイトハウスでの勤務経験もあり、個人的意見だが、去年の講義内容よりも、中身が濃かったと思う」

浜崎氏「ジョーンズ氏が来年も講師を務める可能性はあるのか」

Q氏「退職後は一年ごとの契約で勤務するので、契約更新がなければその可能性はないことになる」

私「ジョーンズ氏は普段どのような仕事をしているのか。研修の他に研究作業を進めているのか。それとも研修業務に専念しているのか」

Q氏「研修に専念している」

あえて指摘しておくと、Q氏の発言には若干の矛盾が感じられる。ジョーンズ氏自身は、講義の中で、ほとんど毎週、インド・パキスタンの核実験関係のレポートを書くのに追われて大変であった旨語っていた。また氏は、別の機会に「自分は現在分析者でも収集者でもない」「(分析研修のホストである) CIA作戦局に呼ばれて講義している」とも言っていた。

Q氏「本研修はこれまで毎年九月に行われていたが、それが今年、六月に繰り上がったのは、私の異動と関係がある。七月のX国赴任までに、三度目の研修を手掛けたかったためである。日本と米国では会計年度が異なるため手続きは複雑だった。異動前に、私は本研修制度の内容を深化させることを提案していた。すなわち、これまでの参加者(平成五年度から研修が始まったので、平成一〇年度も含めて、約四〇名の公安庁職員が分析研修に参加したことになる)に対象を絞って、もう一段レベルの高い研修をするということである。もっとも私の提案が採用される保証はないが」

私「私も庁内の噂で、現在のような形の研修は今年で打ち切って、来年度から専門家同士の交流を企図した研修を始めるという話を聞いたことがある」

浜崎氏「私は今のままでは希望者が減少していくのではないかと考えている。語学能力、年齢、職務経験などを考えると、候補者が絞られるからである」

これは言い換えると、公安庁全体で見ても、最低限の英会話能力のある職員は、四〇名前後であるということを意味している。分析研修には、本庁だけでなく地方局・事務所からも参加している。役職で見ても、私のような末端職員だけでなく、総括クラス（課長の次のポスト）からの参加もある。つまり、文字どおり、公安庁全職員の中で、一応英会話能力があると言える職員は最大限見積もって四〇名程度ということなのである。さらに言うと、分析研修参加者の英語能力がとりたてて高いわけでもなく、実際には相当な個人差がある。したがって、〝本当に英語が使える〟と言えるレベルの職員はその半数にも満たないのではあるまいか？

公安庁は、今後積極的な海外展開を図ることで、組織存続を図ろうとしている。実際には、今後、内閣や外務省に人材を供出することを通じて、海外展開を図ろうとしているのだが、いずれにせよその資源となる人材は、英語に限って言えば、最大限四〇名程度であるということなのである。悲劇的な層の薄さと言わざるを得ない。

私「これはあくまでも私個人の意見であるが、もし分析研修のほかに、オペレーションに関する研修があれば、これに参加することはできないのか」

Q氏「実を言うとオペレーションの研修にはＮＰＡ（正確には警視庁をはじめとする都道府県警察なのであろう）が参加している。銃火器の操作、突入訓練、対象の殲滅（確かに〝kill〟という表現を使っていた）などの訓練を行っている。しかし、我々はＰＳＩＡにこのようなオペレーションは期待していない」

当時は、話の文脈上、当該オペレーション研修はCIA主催のものであるように認識した。FBIでなくCIAが、NPAに対してこの種の訓練を施していることに違和感を覚えた。しかし今改めて検討してみると、Q氏の言う同オペレーション訓練は、必ずしもCIAによって行われているという意味ではなく、"Intelligence Community"の一員であるところのFBIによって行われており、そのことを包括的に捉えて、上記のように言及したのかもしれない。レストランでの会話という性格上、CIA、FBIというように機関名を明示して話していたわけではないからである。NPAの、たとえばSAT（特殊急襲部隊）が、FBIで突入訓練などを行っているとすれば、必ずしも不自然なことではない。もちろんその場合でもCIAが何らかの関与をしているということは否定できないだろう。いずれにせよ重要な点は、NPAが米国でオペレーションに関わる訓練を受けているということである。

私「私がオペレーションという言葉で言わんとしているのは、いわゆるヒューミント（人的情報収集）、協力者獲得工作のことである」

Q氏「CIAで行っている一七週間に及ぶ工作員研修に他機関が参加したという例はない（確認はしていないが、おそらくアメリカ国内の他機関も例外ではないということなのだろうか?）。協力者獲得技術について他機関と共有したという例はない。しかし私個人としては、こと工作手法に関する限り、それほど秘密にすることはないのではないかと考えている。工作手法とは水泳の泳ぎ方のようなものだ（今日の湖での活動が念頭にあったのだろう）。泳ぎ方にそんなに種類があるわけではない。大事なのは実際に泳ぐことだ。すなわち獲得方法自体にそれほど驚くような目新しい手法があるわけではない。したがって、真に友好的な機関とであれば、工作技法においても研修協力をすることが考えられるかもしれない」

私「もしそうであるならば、個人の考えであることを断っておくが、工作の分野の研修でも協力できないだろうか。なぜなら、私の考えでは、公安庁が最も必要としているのは、オペレーションを展開する能力の強化であり、この分野でCIAとの協力が将来必要であると思うからである」

Q氏「（協力してオペレーションをする必要があるということについて）同じ意見だ。ターゲットが同じであれば両機関にとって利益がある」

浜崎氏「私は工作技術自体から学ぶことは少ないと思う。むしろCIA職員のプロ意識から刺激を受けることのほうが大きいように思う」

私「浜崎氏とやや考えが異なる。もちろん国内的な情報収集については我々にもそれなりのノウハウがある。しかし、特に海外展開を考えた場合、学ぶべきことは多いのではないか」

Q氏「ジョイント・オペレーションの重要性については同意見だ。我々は日本の純粋に国内的な問題には関心がない。それは日本の問題だ。しかし、ロシアや中国の在日機関員の特定、北朝鮮のミサイル技術移転など、フィールドが日本国内であっても国際問題に直結する限り、我々は

ＰＳＩＡの協力を必要としている。先ほどの工作研修への参加の件だが、帰国してから、提案だけでもしてみればよいのではないか。仮にＣＩＡから却下されたとしても、ＰＳＩＡが失うものは何もないのだから」

食事を終えてホテルへと戻る間、Ｑ氏が語りかける。「今日はいろいろ充実した日だった。湖は楽しかったか」。「カヌーが楽しかった」と答えた。しばらく逡巡した後「実はログハウスの二階で国務省のネームの入った証書を見つけた。あの施設は、ひょっとして外国人をもてなすための特別の施設なのだろうか」と話したところ、Ｑ氏が幾分語気を強めて語る。「私を信じてください（"Believe me."）を二、三回繰り返す。あの夫妻は本当に私の友達です（つまり、半ばオフィシャルな、お決まりのコースではなく、Ｑ氏自ら労を割いて、プライベートな歓待をしたということ）。絶対嘘だと思うなら、二部二課の宍戸さんに頼んで、あの場所をアレンジしてみてご覧なさい。私はＱ氏の反応にいささか狼狽し、曖昧な笑みを浮かべて肯いているのが精一杯だった。余計なことを言わなければよかったと反省した。しかし、国務省の証書があったこと自体は事実であるのに、そのことを指摘したことに対してＱ氏がいささか感情的になったことについて、逆に訝しくも思った。

二三：二〇～二四：〇〇ころ

ベトナム料理店での話をメモにまとめる。

二四：〇〇〜二五：三〇ころ

浜崎氏の部屋に集合、雑談。ほかに八重崎氏、真淵氏、西野氏。浜崎氏よりジョーンズ氏は確か五七歳であるはずとの指摘あり。

本研修制度のあり方について語り合う。浜崎氏から「中村人事課長は情報分析研修を在外要員のための事前訓練として位置付けている。少なくとも、もう一年は現在の形で続けるらしい」との話があった。そういう効果は当然期待できるものの、在外要員の事前研修のように位置付けるのは、やはり研修の趣旨をまったく取り違えてしまっている。いささかピント外れな見解であると言わざるを得ない。

第五章で詳しく述べるが、せっかく研修で学んだことが、公安庁では、まったく実務に反映されていない。Q氏から「学んだことを来期の研修生に是非伝えてほしい」と特に要請されたことは、裏を返すと、研修の成果が毎年その場限りに留まっている、毎年同じことの繰り返しでレベルが高まっていない、ということを意味している。それは、一つには、幹部以下研修生に至るまで、ＣＩＡ分析研修の目的が意識的に捉えられていないためであろう。

雑談を続けるうちに私は眠りにおちてしまった。二五：三〇ころ起こされたので部屋に引き揚げる。

二五：三〇

就寝。

## 九八年六月二一日（ワシントンDC、日曜日）――研修第九日目

〇八：〇〇～〇九：〇〇ころ

起床。入浴。本日は、CIA本部でのブリーフィングを控えた予備日である。

〇九：〇〇～一〇：〇〇ころ

洗濯。荷物のパックを進める。メモの整理。一段落ついたので時間を持て余し、浜崎氏の部屋を訪れてもよいかと尋ねたところ、一〇：二〇ころに来室してくれという。

一〇：一五ころ

部屋の清掃、シーツ替えのために女性作業員が来室。その後、浜崎氏の部屋に移動。

一〇：一五～一〇：五五ころ

浜崎氏より、今回研修参加を希望し、候補者選別試験も受験していた一部一課片川氏が参加を辞退したことについての裏話があった。来年度の団長候補が見当たらなかったため、来年の参加を条件に今回は辞退するように説得されたという。

一一：一〇～一一：三〇ころ

一階ロビーに集合し、今日、明日の予定を確認。

一一：三〇～一二：〇〇ころ

徒歩でショッピング・センターであるタイソンズ２へ移動。

一二：〇〇～一三：〇〇ころ

センター内で食事。真淵氏は朝食をとっていたので昼食はキャンセル。八重崎氏、東氏、西野氏、私は中華料理店へ。浜崎氏、高梨氏は別の店を探す。ここの中華料理店は、量も適量で、ホストには申し訳ないが、研修で食べた食事のうちで一番おいしく感じた。

一三：〇〇～一四：四〇ころ

ショッピング。部長のおみやげの選択でてこずる。私の発想だと、そんなものは適当に見繕っておけばよい、ということになるのだが、浜崎氏は、ああでもない、こうでもない、と気を遣っていた。いかにも浜崎氏らしいと思う。

一四：四〇ころ

タイソンズ1に移動し、引き続きショッピング。

一五：三〇ころ

先週日曜日タイソンズ1に来たときと同じ場所で集合。予定ではこれから全員ホテルに戻るはずだったが、浜崎氏より、Q氏へのプレゼントとして贈るネクタイの柄を選びきれなかった、との話あり。私はいささか愛想をつかして、ホテルに戻ることに決めた。ただし戻ったのは私一人だけだった。

一六：〇〇～一八：〇〇ころ

ホテル到着後仮眠。

一八：〇〇～一九：〇〇ころ

起床。ブリーフィングを受ける準備として、気休めに、北朝鮮関連の資料に目を通したりする。CIAの分析官から意見を求められたりしたら、どうしようか、とあれこれ考える。知らないことは「知らない」「分からない」と答えるほかないのだが、あんまり「分からない」を連発すると、「何だコイツは！」と思われるのではないか、という気もする。こういう場合、確固とした専門分野を持っている人は強い。

よくよく考えると、自分は公安庁に入って何を身につけたのだろうか、という疑問も湧く。仕事と言っても、資料整理や新聞を切っていた以外にとりたてて記憶がないのである。

一九：三〇ころ

ロビー集合。

一九：三〇～二二：三〇ころ

ホテル近くのアメリカン・レストラン（？）へ。恒常的満腹感はもはや限界に達しており、かろうじてサンドイッチ（といっても実は日本で言うところのハンバーガー、しかも巨大なハンバーガー）を注文したが、半分残してしまった。

Q氏より「昨日のカメラはやはりダメになってしまった」との報告あり。

真淵氏から、自宅（練馬区）近所のタコヤキ屋のビルの二階が、摘発された革マル派のアジトだったという話があり、興味深く聞く。事件以来、防衛のため、神奈川公安調査事務所でも盗聴器捜しが行われたが、職員で専門知識を持っているものが少なく苦労したとのこと。別の事務所でも同じく、盗聴チェックをしたところ、計器がやたら反応して、盗聴器を特定できなかった、というまことしやかな笑い話もある。

こうした動きは、革マル派による対治安機関情報収集の実態が明るみに出て以来、本庁から、各局・地方事務所に対して、盗聴器のチェックが指示されたことを受けている。公安調査庁では、つい最近まで、定期的に施設の盗聴チェックを行っていなかったのである。

ちなみに、某革命的党派のアジトからは、霞が関の合同庁舎内の公安庁フロア配置図、関東公安調査局全職員の緊急連絡簿等々多数の庁内機密文書が発見されたという。

九九年には、インターネットに大量の公安庁機密文書が流出し、果ては、住所・電話番号付き職員名簿約六〇〇名分が複数ホームページ上に掲載されるという、〝情報機関〟にとって、独り日本国内ばかりだけでなく、世界的に見ても前代未聞の大不祥事が発生したが、それは上のような実態で、公安調査庁という組織が、およそ〝情報機関〟と呼べるような内実を備えていないことに起因するものではなかろうか。

私の周辺では、そもそも情報機関が、職員名簿を作成していること自体不可解であるという者も多い。それが、通常人が情報機関に対して抱いているイメージだろう。確かに、いくら公安庁が〝情報機関〟であるとはいえ、行政機関である限りは、事務処理上、名簿をはじめとする個人データを一括管理することは避けられない。が、管理には最大限の注意が払われてしかるべきだ。

私の在職時も、名簿は誰の手にも届くところに保管されており、誰でも自由に閲覧することができた。鍵などは掛けられていない。出勤簿などと同様、事務机の上に雑然と置かれているのである。慶弔、年賀の際に、職員が丸ごと名簿をコピーすることなど当たり前であった（ただし、名簿事件以降は、さすがに管理が厳しくなり、以前とは異なって、幹部ＯＢでも名簿を入手することができなくなったという。そのため年賀状の手配にとまどっているのだという）。その意味では、名簿事件は何ら偶発的なものではなく、起こるべくして起こったのである。

事件の大きさにもかかわらず、公安庁では、長官以下誰一人として、責任をとっていない。

その公安調査庁が、歴史的な経緯からだろうか、一応ＣＩＡの日本側カウンター・パートの一つとして研修生まで派遣し、日本の治安を守ることとされている、というところに、現代日本の治安・情報機関の抱える矛盾と限界を見てとることもできるのではないか。

二二：四〇ころ

ホテル到着。それにしても、一八日のＱ氏からの誘い（八重崎氏と私の三人でどこかに飲みに行こうという提案）は、いったいどうなったのだろうか、と気にかかる。日程からいって、今日以外にはあり得ないはずなのだが……。野田は猜疑心が強く、語学能力の点からも問題あり、ということで結局排除されたのだろうと納得する。少し淋しい気がした。私は明日のブリーフィングに備え、一階のバーにも行かず、就寝することとした。

## 九八年六月二二日（ワシントンDC、月曜日）——研修第一〇日目——本部表敬

〇六：〇〇ころ

起床。入浴。

〇七：〇〇〜〇七：三〇ころ

朝食。浜崎氏以外は全員参加。浜崎氏は朝に弱いことで〝定評〟がある。八重崎氏は、昨晩Q氏とかなり話し込んだ様子。二五：三〇ころに自室に戻ったが、目覚ましのセットを間違えて、ほとんど眠れなかったという。最も英語が堪能な八重崎氏が疲労困憊していたので、今日のブリーフィングを受けるにあたって一抹の不安がよぎる。

（以下、CIA本部に入って、席につくまでの記述は序章のとおりである。）

〇九：一〇ころ

四角いテーブルを囲むように全員が席についた。講議中、私たちが席を立つことはなかった。私たちの脇にいた、黒人女性、警備官は、アレン氏のブリーフィング終了後退出。Q氏は、その後のブリーフィング・セッションで、後部ソファーに移動。ブリーフィング途中で、次の報告者（三〜四名）が入室し、出番に控えるという具合に、人の出入りは慌ただしかった。

〇九：四五〜一〇：四〇ころ

“Counterterrorism Center”。東南アジア・テロ組織の最近の活動、ロシアにおけるテロ組織の

種類、活動の程度についてブリーフィング。報告者四名。

一〇：四〇～一一：一五ころ

“Office of Russian and European Analysis”“Crime and Narcotics Center”。現在のロシア国内政治の安定度、エリツィン政権はどこまで持ちこたえるか？　新内閣の見通し、国内外におけるロシア・マフィアの動向について。報告者二名。

一一：一五～一二：〇〇ころ

“Nonproliferation Center”。大量破壊兵器の拡散に最も関与しているのはどの国か？　その防止策、インド・パキスタンにおける核兵器開発状況について。報告者四名。

報告者用に準備してきたみやげ物（文鎮三つ、コースター四つしか残っていなかった）は数が足りず、その都度は渡せなかった。こんなにゾロゾロ現れるとは研修生の誰も予想していなかった。Q氏の助言もあり、案内の黒人女性に一任することに。

一二：〇五ころ

昼食会のため、部屋を離れバンへ移動。

一二：一〇ころ

ゲート通過。通過前に、Q氏が、進行方向右側の建造物を指し「発電所である」と言う。「どういうタイプの発電所か」と尋ねると、「原発ではない」と言ってニヤリと笑う（巻末資料Vの通り平成八年度の研修報告では、CIAは原子力発電でエネルギーを確保している、というくだりがあった。かえって安全上好ましくないのではないか、と疑問に思って読んだことがある。わざわざ上のように語ったQ氏は、あたかもその報告書を知っているかのような口振りであった）。

一二：二〇～一四：二〇ころ

本日昼食会が開かれるレストラン“Evans Farm Inn”に到着。本日のホストである日本課長デービス・ノートン氏が我々を迎える。

Evans……は、中曽根康弘元首相、ノルウェー国王も訪れたことのある由緒あるレストランの模様。店内にスナップ写真大ではあったが、両者の記念写真が飾られていた。この付近は高級住宅街であるということである。

ホストはノートン氏一名であった。やや太り気味の饒舌な人物だった。随所にジョークなども盛り込みユーモア精神のある人物のようだった。レストラン及び付近住宅地についての話題、アジア系移民のアメリカ社会への同化と、エスニックのアイデンティティ回復の問題などについて語っていた。ノートン氏の正面に座っていた浜崎氏が中心になって話し相手をしていた。私はノートン氏から見て正面左側、すなわち浜崎氏の右側に座っていた。Q氏は、ノートン氏に向かって一番左側の席に座っていた。

ノートン氏が、どのような観光場所が印象に残っているか、研修生各自に質問する。正直者の私は咄嗟に「暗号博物館」と回答してしまった。Q氏の尽力を考慮して、“Lake Anna”と答えるべきだったと後悔する。

シューティングの話題になったとき、ノートン氏の最近の射撃訓練結果が、四〇〇発中三九七発命中という話には驚いた。しかも、的が移動し、ホルスターから抜いての早撃ちの結果だと言う。

会食の間、日本課長から以下のような話があった。

日本課長「実は明日NPAのタナカ次長（田中節夫氏。京都大学法学部卒。昭和四一年度警察庁入庁。現警察庁長官）が当局を訪問する。その関係で朝から夕方まで予定がつまっている。

当局とNPAは理想的（確かに"ideal"と言っていた）な関係を築いている。NPAは情報機関としてのルールを守ってくれるので安心して情報提供できるからである。日本の外務省に報告すると、そのまま電話で情報を本国に伝えてしまうというように、保秘の感覚が徹底していない。同じ大使館の中でも、外務省プロパーと警察出身の職員とでは情報交換がまったくないようだ。NPAに情報提供した翌日に、外務省から同じテーマでブリーフィングを求められ当惑したことがある。国内での情報の共有はないのだろうか。

どこの国でも同じだと思うが、情報機関の間には対立がある。情報を独り占めにしようという欲望と、情報を持っている者に対する嫉妬に基づく反目である。我々もつい数年前までその渦中にあった。FBI、DEA（麻薬取締局）、それに軍隊とは数十年来対立してきた。FBIとは八〇年代までまったく口もきかなかった。今やFBIが在外要員を多数派遣している時代である。

軍隊との間での情報交換では、組織間の文化、指揮・連絡系統の違いに苦しんだ。我々の提供した情報が、軍隊の連絡系統にのって、あっという間に、前線の部隊まで全世界的に広がってしまったからだ。

しかし、その種の行き違いも長い時間をかけて解決してきた。重要なことは、相互理解と信頼関係の構築であろう」

Q氏「日本にもPSIAとNPAの対立問題がある。私の把握している情報では、PSIAは一〇〇名のポストを外務省に確保しようとしているということだが」

日本課長「君たちは、我々が何年もかかって乗り越えてきた対立を、これから解決することになるのであろう。いずれ必要に迫られて良好な関係になるのではないか。

我々が本分析研修を行う理由は、友好国の機関に、我々の思考様式を理解してもらって、情報の共有、作業の効率化を図るためである。

君たちは本研修で良い成果を上げたと報告を受けている。その理由は、質問をたくさんしたからである。質問をするのがなぜ良いのかと言えば、講師が、研修生の理解度を把握できるからである。容易に分かると思うが、まったく反応のない者に対して話をし続けることは至難の業である。

タイからも参加者が来ているが（ほかにフィリピンの名を挙げたと私のメモに残っているが、どのような文脈で言及したのか失念してしまった）、英語に問題があり、通訳を入れて講義を行うためどうしてもペースが遅くなる。その意味でも君たちのグループは成果があったといえる。

私はCIAで二三年間、軍隊生活も入れれば二六年間の勤務経験がある。この間東南アジアに三回、南アジアに三回、中東に一回赴任した。日本課長になってからは、この付近の日本料理店を熟知した。ちなみに君たちも行ったレストラン×××は、日本大使館員にもよく利用されている。

日本にも一年半前に一〇日間ほど滞在したことがある。しかし朝から晩まで会議詰めで、観光のチャンスはなかった。

私はこれからフィリピンに赴任することとなる。ラモス時代に築いてきた我々との関係が、エストラダの当選によって御破算になってしまった。以前にもフィリピンに赴任したことがあるが、そのときと同じようにこれから一から作業を行わなければならないから苦労も多い（しかし同氏はやる気に満ち溢れているようであった）。

語学の問題だが、若いころにヒンディー語を学んだことがある。もっとも最近は仕事で使っていないので、ほとんど忘れてしまったが。家庭教師と一対一で学んだ。フィリピンに行ってまず手配しなければいけないのは、フィリピン語の家庭教師だろう。赴任直後のわずかな期間を逃すと公務に追われてチャンスがなくなるからだ。一週間に一回程度授業を受けることになるだろう」

Q氏「PSIAにおける語学研修制度はどのようになっているのか。定期的に試験はあるのか」

浜崎氏「（私と目を見合わせて）採用直後に英語能力の試験を行うほかは、取りたてていない（Q氏は、このとき、“Wonderful!”と言った。もちろん、驚きと皮肉の言葉である）」

日本課長「当局では、語学技能のある者に対しては補助金が支払われている。能力は定期的に試験でチェックされる」

私「どの程度の金額が支払われるのか」

日本課長「言語にもよるが、（我々にとって）習得が困難な日本語、韓国語、中国語については、我々の行う5段階評価の試験で『3』以上のレベルの者には、その言語を仕事で使用している限り（使用している場合に限っているのか否か記憶と理解が曖昧であるが、おそらく間違いないだろう）、月五〇〇ドル（当時のレートでは約七万円）支払われる。『2』の評価だと、その半額といった具合である。次に習得の難易度が高いのが、ヒンディー語、アラビア語、ペルシャ語などか。ドイツ語、フランス語は最も容易で、使い手がざらにいる……。したがって、たとえば日本に赴任することを見越して、個人で日本語を勉強していれば、赴任期間中に十分に元手を回収できることになる。ところで、Q君も日本語ができたのではないのかね」

Q氏「できません（まったく表情を変えずに答える）」

日本課長「情報機関をとりまく環境も随分と変わってきている。一つはメディアの発達である。CNNなどのメディアのほうが、『今まさに起こっていること』については迅速に報道する。C

ＩＡといえども、この分野でマス・メディアに対抗するのは容易なことではない。

エピソードがある。九七年、ペルー日本大使公邸占拠事件のときに、我々はＮＰＡの担当官に『いよいよ突入が近いようである』旨電話報告したが、その報告の最中に、向こうの電話口で『ちょっと待って下さい。今ＣＮＮで突入が報道されています』というようなやり取りがあった」

もっともこの話は、にわかには信じ難かった。聞き間違いかと思い、八重崎氏にも確認したが、やはりこのとおりだと言う。このエピソードで少なくとも指摘できる重要な点は、ペルー事件の際、ＣＩＡとＮＰＡの間でかなりの程度情報交換が行われていた模様であること、及び突入間近という重要情報がＮＰＡに提供されていたことの二点であろう。いずれにせよ、研修前半のＱ氏のリップ・サービスとは裏腹に、警察庁とＣＩＡは、公安庁とは比較にならないほど、深い情報のやり取りを行っていることを示唆している。

これと関連して、実は、ペルー事件の際、秘密裏に内閣合同情報会議で討議された情報がある。警察庁警備局から報告されたものだ。ペルー治安機関から、警察庁に日本大使公邸の床の厚さについて、情報の照会があった、という情報である。ちょうど、ペルー軍が公邸に強行突入する直前のことだった。「床の厚さ」について照会があったということは、その後の突入を示唆するに十分な情報である。情報が、当時の合同情報会議でどのように処理されたのか定かではないが、警備局がわざわざ会議で報告したということは、注目するに値する情報であると評価したからだろう。やはり注意したいことは、現地の治安機関から、公安庁ではなく、警察庁に照会があったということだ。公安庁も、ペルーの情報機関とは協力関係にあるはずなのだが、警察庁はそれ以上の関係を現地治安機関と結んでいたということである。

「もっともCNNは『今まさに起こっていること』はよく伝えても、『それがなぜ起こったのか』と『これからどうなるのか』ということについては、必ずしも十分に深く伝えていないだろう。この点で、なお我々情報機関の存在意義がある」

会食の後、浜崎氏が日本課長にプレゼントを贈呈。日本課長はオープン・カー（ジープ？）に一人で乗ってきていたようである。

一四：五〇～一五：三〇ころ

ホテル到着。ロビーで今日のこれからの予定を話し合う。東氏は、アーリントン墓地の見学を強く希望。八重崎氏と私は、本日のブリーフィング内容をまとめることを口実に、部屋に戻ってひとまず休憩することとする。Q氏が「どうして外に出ないのか」と、やや難色を示す。「ブリーフィングの内容を、帰国後報告せねばならず、どうしても今レポートをまとめておきたいのだ」と言うと、「そんなものは適当にでっち上げておけばよい」と笑う。Q氏の言葉どおり、ブリーフィングの内容は、ごく概括的で一般的な内容なのだが、やはり〝CIA情報〟ということで、公安庁においては、このレポートをまとめることが、情報分析研修の主たる任務であるかのように位置付けられている。Q氏によれば、内容そのものよりも、報告者の態度、実際のブリーフィングの様子や厳しさを知ってもらえれば十分なのだ、ということであった。

一五：三〇～一七：〇〇ころ

自室で仮眠。

一七：〇〇～一九：〇〇ころ

八重崎氏の部屋で本日のブリーフィング内容について、メモを照らし合わせる。大枠は捉えられたと思うが、重要なディテールがほとんど拾えなかったことが分かった。私は三〇パーセント程度の理解か。実務ではまだまだ英語を使えないのだ、ということを痛感する。Q氏に要望したせいかどうか、"Intelligence Community" に関するアウトラインと、今日のブリーフィング全体のアジェンダを入手したが、内容の把握のためにはあまり役に立たず。

八重崎氏は昨晩Q氏とバーでかなり話し込んだ模様。八重崎氏は、本庁調査第二部第二課の所属で、Y国情報機関との連絡（リエゾン）を担当している（二課の任務は、外国情報機関との連絡である）。Q氏より、八重崎氏がどの国の機関を担当しているかということについて、かなり聞かれたらしい。八重崎氏が「庶務である」と答えたところ、Q氏は「答えられないのは分かるが……」と言って、少し淋しそうな様子だったという。

私見だが、CIAが情報分析研修を行う真の理由は、有り体に言えば、〝協力者工作〟にあるのではあるまいか。当日の八重崎氏の消耗ぶりを見ると、おそらく、Q氏との会話も、もっと多岐に渡っていたのではないかと推測する。

なお、八重崎氏より「Q氏はNPAとのリエゾンもやっているようである」との話があった。

一九：〇〇～一九：三〇ころ

浜崎氏らが八重崎氏の部屋に来室。浜崎氏が私に「Q氏は国務省の証書の件に関して、君から疑われて傷ついていたようだ。夫妻は本当にQ氏の友達であり、食費などの経費もすべてQ氏が面倒を見たらしい」と言う。私は恐縮してしまい、悪意のないことを再度表明。浜崎氏より、ほかに「CIAの職員数は全部で五万人」「Q氏が本部にいたのは五年間」などの話あり。

その後、Q氏へ贈るネクタイのプレゼントに、研修員一同で寄せ書きしたカードを添えることになった。私は、次のようにメッセージを添えた。

「私があまりに疑り深いので、時々気を悪くされたかもしれません。しかし、これは性分なのです。悪意はありません。二つの機関が今後とも協力していけるものと信じます」

一九：四〇～二一：三〇ころ

中華料理店で最後の夕食。運転手のW氏も参加。浜崎氏より、Q氏、W氏に対してプレゼントを渡す。Q氏から全員に名刺手交。電話番号を書いておいたので、いつでも気軽に電話をもらいたい、という。

夕食後のお菓子に入っていた、占いのメッセージ。“If you fail, start again, If you try hard, you will eventually succeed.”（失敗したら、再度やり直しなさい。一生懸命やれば、最後には報われるでしょう）。

二一：三〇～二三：四〇ころ

自室で仮眠。

二三：四〇～二五：二〇ころ

下のバーへ。八重崎氏、他に、浜崎氏、真淵氏がいた。雑談。

二五：二〇ころ

自室に戻り就寝。

**九八年六月二三日（ワシントンDC、火曜日）――出発**

〇六：三〇ころ

起床。身支度。

〇七：〇〇ころ

ロビーへ。

〇七：一〇ころ

チェックアウト完了。

〇七：三〇ころ

ホテルを出発し、ダレス空港へ。

〇八：〇〇ころ

空港到着。

〇八：三〇ころ

チェックイン。

〇八：四〇〜〇九：〇〇ころ

朝食。コーヒー、クロワッサン。Q氏、八重崎氏、西野氏、それに私が軽食をとる。Q氏は、どんよりと曇った空を見て言う。「私はこういう天気が嫌いだ。からっと晴れた日が好きだ」。喫煙休憩後、途中から席についた浜崎氏が、私に「国務省の証書の件についての誤解は解けたか」などと話し掛ける。「気にするに及ばない」とQ氏。

〇九：一五ころ

シカゴ行きのUA機882便に搭乗。

〇九：四五ころ

離陸。

**九八年六月二三日（シカゴ、火曜日）**

一〇：二〇ころ

シカゴ到着。

一二：一〇ころ

成田行きのＵＡ機に搭乗。

**九八年六月二四日（東京、水曜日）**

〇三：〇〇ころ

離陸。

一四：四〇ころ

成田到着。バス、飛行機（西野氏）などの手続きがあったことも確かだが、どういうわけか徒に時間が経過した。

一六：〇〇～一六：三五ころ

空港内の喫茶店に入り、浜崎氏言うところの「反省会」。食事代などの清算を行う。

一六：四五ころ

浜崎氏、八重崎氏、高梨氏、私は東京駅行きのバスに乗車。

一七：四五ころ

東京ターミナル駅で高梨氏下車。

一八：〇〇ころ

東京駅到着。

一八：五〇ころ

自宅最寄り駅到着。

一九：〇〇ころ

自宅到着。

一九：一〇ころ

役所に帰宅した旨報告。職員は半ば退庁してしまった様子が電話口からもうかがえる。短い夢から覚めたような気がした。

# 第二章　分析研修講義

## 偏向排除が第一義

さて、肝心の情報分析研修の講義内容自体は、ＣＩＡの研修だからといって、それほど目を見張るような内容であったわけではない。おそらく方法の多くも特殊ＣＩＡ的なものではないだろう。政府・民間を問わず、何らかの形で情報分析に携わっている者であれば、多かれ少なかれ、無意識的に実践している内容だと思う。

しかし、そうは言うものの、ＣＩＡで長年情報分析の経験を積んできたベテラン職員から、体系的な講義を受けたことは、ほんの数日間とはいえ、やはり貴重な経験であった。

講義全体をとおして、終始一貫して強調されていたのは「情報分析にあたって、いかに予断を排するか」ということである。講義で取り上げられたマトリックスによる分析手法にせよ、ブレインストーミングにせよ、既知・未知・前提情報を整理する方法にせよ、要するにすべて、分析にあたって「予断を排する」ためのテクニックであるといえよう。最終日、研修生の心理テストが行われたのも、分析者各人の特性を自己把握することで、能う限り偏向を排する試みである。

本章では、研修講義の概略を伝えることとしたい。

## 分析者の使命

そもそも情報分析者の使命とは何か。まず、この点が確認された。

- 情報活動上の課題を明確に設定する（調査課題の設定）。
- 今後の傾向と進展を予測する。
- 政策決定者に鋭敏に反応する（何が今求められている情報なのか常に意識する）。
- 生情報を批判的に評価し、妥当性、信頼性、証拠としての重要性を決定する（生情報とは、現場の工作員――公安庁で言えば各局・地方事務所の公安調査官――によって収集された情報で、その情報源、信頼度などについて、未だ評価の加えられていないものを言う）。
- 生情報からキー・ポイントを抽出する。大量のディテールの中から何が重要か特定する。
- データを統合し、元のデータ以上のものを引き出す。意味あるようにデータを特徴づける。
- 諸判断の間にある関係を見分けることで、秩序正しく思考を整理し、筋の通った推論を展開させる。

当然と言えば当然の内容でもあるのだが、現実には意外と難しい。たとえば、三番目の「政策決定者に鋭敏に反応する」である。情報の受け手のニーズを満たす情報収集・分析を迅速・的確に行うことを意味するが、公安庁においては、つい二、三年前までは（そしておそらく職員の大半は今でも）、情報の受け手のことを念頭において業務に取り組んでいなかった。というのも、そもそも情報の受け手がいなかったからである。公安庁が、情報資料の対外配付に取り組みだしたのは、とりわけ平成二一年以降、公安庁廃止論が顕著となったためである。それまでは、作成資料は幹部の検討の用に供されているに過ぎなかった。資料作成は、ローテーションで、トピックも二週間前から決定されている。鋭敏な反応というには程遠い状況なのである……。

なお、例年研修教材となっている『情報生産者のための分析的思考とプレゼンテーション――分析研修ハンドブック』では、さらに詳細な解説がされている。研修内容すべてについて解説することは不可能なので、ここでは講義レジュメに沿って、概略のみに触れることとしたい。

## 情報分析の要素

使命を理解した上で、情報分析とはいかなる行為なのだろうか。以下の六つの要素から成っているという。

・分析（Analysis）

対象をより下位の構成要素へ分解する作業を言う。「水は水素原子二個と酸素原子一個から成り立っている」というのは、一つの“Analysis”である。日本の政治情勢を例にとれば、どのような政党が存在して、どのようなメンバーから成っているか、などを認識するという作業がこれに当たる。

・統合（Synthesis）

「木を見て森を見ず」の譬えで言うと、「森」の部分である。先ほどの、日本の政治情勢の例で言えば、「どの政党がより人気があり、それはなぜか」ということが、一種の“Synthesis”に当たるという。

・今後の見通し（Future Orientaion）

過去を振り返らなければ分析はできないから、分析者は歴史家に似ている側面がある。しかし、分析者は歴史家ではない。単なる過去の事象のとりまとめに甘んじてはいけない。分析者の関心は、あくまで、これからどんなことが起こりうるか、ということを提示することにある。政策決定者が不意打ちを受けないようにするためである。

・共鳴効果（Synergism）

グループが協同して作業を行うことで互いの能力の共鳴が起こり、各自の能力の単なる総和でなく、それ以上の成果を得ることを言う。1＋1が2ではなく、3以上になるということ。

- 説得力あるブリーフィング（Effective Presentation）

レポートを説得的に口頭報告する。

- 活きのよさ（Timeliness）

分析トピックは時宜を得たものである必要がある。

以上六つの要素すべてが、一つの分析レポートに盛り込まれているのだろうか。必ずしもすべてではないが、"Synthesis" "Future Orientaion" 以外、すなわち "Analysis" "Synergism" "Effective Presentation" "Timeliness" は、ほとんど常に含まれているという。

## 情報活動のサイクル

政策決定者という情報消費者を抜きに分析作業は考えられない。情報分析は、分析者一人の作業で完結しない。したがって、情報分析は下図のような不断のサイクルの中で行われることになる。情報の消費者からのフィードバックが重要である。

〈企画・指示〉（情報需要の特定、基本調査目標の設定、優先順位の付与）

↓

〈　収　集　〉（良き収集者は同時に良き分析者でもある。できるだけ安く集める。八五パーセントは

公開情報）

↓

〈処　理〉

↓

〈分析・生産〉

↓

〈配　付〉

↓

〈企画・指示〉

↓

……　……

このサイクルが二四時間休みなく続く。

各過程の内容は下図のとおりである。

| 情報サイクル | 分析過程 |
| --- | --- |
| 企画・指示 | 課題の特定<br>•誰が答えを望んでいるのか<br>•いつ<br>•政策課題、懸案は何か<br>•課題の設定は正しいか<br>•課題を再定義し、分析的見通しを決定し、仮説を列挙する |
| 収集 | 調査の遂行<br>•何が分かっているか。何がなされてきたか<br>•何を必要としているか<br>•どの情報源から何を引き出せるか<br>•ひとえに収集！ |
| 処理 | データの整理<br>•対照し、構造化し、モデル化する<br>•選択し、推論し、解釈する |
| 分析・生産 | 分析と評価<br>•結果についての判断に到達する<br>•政策課題に対する影響を評価する |
| 配付 | 結果の伝達 |
| フィードバックが重要 | |

情報のフィードバックは、以前、必ずしも十分にうまく行われていなかったが、工夫を重ねて徐々に機能するようになったという。

## インテリジェンス・コミュニティーとは

研修講義では米国情報機構についても簡単な説明があった。米国にはCIA、FBI、NSAなど複数の情報機関が存在するが、各機関がバラバラに情報活動を行っていては非効率であり混乱も生じる。各機関の活動を統括・調整するため、インテリジェンス・コミュニティーという機構が形成されている。一般に以下の一三機関から形成されているとされる。

独立機関――CIA
国防総省系――陸軍、海軍、空軍、海兵隊、国防情報庁（DIA）、国家安全保障庁（NSA）、国家偵察局（NRO）、国家画像・地図作成局（NIMA）
他省庁系――司法省連邦捜査局（FBI）、国務省情報調査局（INR）、財務省、エネルギー省

これらを統括・調整する機構はかなり複雑である。本書で触れた範囲で、簡単に触れておこう。

○中央情報長官（DCI）
国家の対外情報について、大統領及び国家安全保障会議に対する最高顧問である。上院の同意

を得て、大統領によって任命される。インテリジェンス・コミュニティーの長であり、国家対外情報計画の発展並びに遂行に責任を負う。CIA長官でもある。

○情報機構管理スタッフ（CMS）

CMSは独立したスタッフ機構であり、DCIに直接報告権限を有する情報機構問題担当副長官（EXDIR/ICA）に率いられる。CMSは、資源管理、システム分析及び政策、要求・評価に関するDCIの職務について、開発、調整、執行する責任を有する。

なお、序章に登場したアレン氏の肩書きは、"Assistant Director of Central Intelligence for Collection"となっている。レジュメに記載があるので、アレン氏がCMSに所属することは間違いないのだが、その役割、位階などの詳細は不明である。

○国家情報評議会（NIC）

NICは、その資料作成機能のほか、次のような機能を有する（抜粋）。

——米国政府の各種レベルにおける政策審議において、DCI及び情報機構全体を代表し、情報機構の作成物が審議の助けとなるよう助言する。

——情報機構内部における作成機関が、質の高い分析を行い、新たな分析手法を開発し、重要な問題についての収集に注意することを奨励する。

——政策部門及び政府外の適当な専門家との連携を維持し、情報機構の作成物の信頼性を確保する。

ＮＩＣの議長及び副議長は、ＤＣＩによって任命され、ＮＩＣの運営の責を負う。ＮＩＣの副議長は、それぞれ、予測及び評価についての責任を負う（ジョーンズ講師は高官である！）。

## 情報活動をマーケットにたとえてみると……

以上の情報サイクルを踏まえた上で、情報活動をいわばマーケットにたとえてみることは、よりよい分析を意識する上で有用である。一般の産業と同様、情報機関についても、製品、顧客、素材、競争相手などを検討できる。ＰＳＩＡについてこれを考察すると以下のようになるのだろうか。概ね研修生から出されたリストである。

事業種別――情報活動
製　　品――完成された情報分析
顧　　客――政府、政策決定者、首相、副首相、大臣、副大臣、官房長官、官房副長官
素　　材――公然情報、ヒューミント、ファイル、リエゾン
競争相手――警察庁、防衛庁、外務省、内閣情報調査室

さらに、講師は、競争相手となり得るものとして、政治家の情報源となっている〝取り巻き〟の存在を強調していた。

講師からは次のような話もあった。「私は顧客の需要を把握するために、国務省の職員と私的なパイプを作った。一〇年間工作員としての経験があったので、パイプ作りにはそれほど苦労しなかった。国務省からは、ホワイトハウス中枢の情報関心を知ることができた、当方からは、外交官では入手できないような非公然情報を提供した。国務省関係の座談会にCIA職員として招かれたこともある。CIA長官からも承認を得ていた。私はこの種の組織間の協力は重要だと考えている」。

※質疑応答

質問「組織間の協力が必要であるとのことだが、PSIAとNPAの関係はあまり良好ではない。このような対立組織間の協力問題についてどのように扱うべきかお聞かせ願いたい」

講師「日本の状況がよく分からないので何とも言えないが……」

Q氏「PSIAとNPAの関係の悪さは信じられないほどだ。調査対象がオーバーラップしていることが多く非効率である」

講師「的確にアドバイスできないが、とにかく長い時間をかけて信頼関係を築くことであろう」

Q氏「解決策としては二つ考えられる。一つは、予算上、行政改革上の解決策といえる。行政改革のもと、公安関係の予算が切り詰められれば、必然的に両機関の重複部分の予算がカットされる。結果として、相互補完的な組織ができるだろう。もう一つは、徐々に情報交換を行って、信頼を養って、協力関係を構築していくことであろう。PSIAとNPAの関係修復策について、マトリックスを作成し検討してはどうか」

講師「良いアイデアである（しかし、結局研修中、マトリックスで検討することはなかった）」

## 分岐的分析体系

ところで情報消費者によりよい分析を提供するために、具体的にはどのような方法で分析が行われているのだろうか。それが、分岐的分析体系（Divergent Analysis System）である。

我々が情報分析研修講義で学んだ種々の技法は、すべてこの概念に基づいている。

"divergent"とは、「分岐する。散開する。末広がりの」というような意味だが、これだけでは何のことか分からない。反対語の"convergent"（収斂する）が理解の手がかりとなる。

研修レジュメを見ると、この分析体系によって、「見通しを広げることができ、一つの〝結論〟に収斂し始める前に（before beginning to converge on "the solution"）、多くの様相を考慮することができる」とされている。

つまり、"divergent"な分析体系とは、安易な結論に飛びつく前に、さまざまな要素を検討して、偏向を排することを目的とした分析システムを意味していることが分かる。

ここでは辞書的に「分岐的分析体系」と訳出してみるが、その意味は以上のとおりであろう

（多面的あるいは多様な分析体系と言ったほうがまだしも日本語らしいかもしれない。より適切な訳語がある、あるいは誤訳であるとの指摘があれば、教示願いたい）。

## その概観

分岐的分析方法は以下のような手順で行われる。

①最初の課題提起文を書く
自分が認識するとおりに（あるいは指示されたとおりに）、第一番目の課題文（テーマ）を書く。
②自分が知っていること、知らないこと、前提としていることを書き出す
③「前提（assumption）」と「既知情報」を検討する
④欠けている情報について要求を送る
⑤課題文を改めて設定する
レポートの焦点を何にするべきか。どのように問題に取り組むべきか。正しい問いをすることが重要である。でなければ、正しい解答が得られないからである。
⑥再定義された課題文のうちで、自分が取り掛かりたいと思うものを選択する
⑦アイデア、選択肢、結果等々についてブレインストーミングする
⑧結果を評価する

どのアイデアが有用で、どれが有用でないか。有用でないアイデアについても再検討して、価値あるものの萌芽を含んでいないか、あるいは価値ある考えを生み出すために統合できないか調べる。

⑨似通った考えを一まとめにする

⑩アイデアを序列化し、評価する

マトリックス（後述）を忘れないこと。どのような場合でも、自分の考えを書きとめる。

⑪鍵となる情報課題を決定する

情報消費者は、課題について何を知るべきであるか。課題の中には②〜⑥までの過程で掘り下げられるものもある。

鍵となる考え方は以下のとおりである。

- 分岐的分析処理によって、見通しを広げることができ、一つの結論に収斂し始める前に、多くの様相を考慮することができる。
- 分岐的分析体系は創造性を引き出すので、分析者は偏向する危険を避けることができる。
- 分析者が、妥当な課題に確実に取り組めるようにする。課題は、最初の課題提起文では、表現されていないか、あるいは適切に表現されていないものである。
- ①から⑪の順序は定まったものではない。重要なことはそれらを無視しないことである。

## 「前提」という概念

右の③にも出てきたとおり、講師が強調していたのは、“assumption”という概念の重要性である。“assume”ないし“assumption”に当たる言葉や概念が日本語に存在するかどうか、講師から尋ねられた。「推測（する）」「仮定（する）」などが、思い浮かぶ。ただし、仮定（“hypothesis”）とは、仮定された事柄の蓋然性の高さに対して、予め積極的評価が加えられている点において、異なった概念であろう。研究社の『新英和中辞典第六版』によれば、“assume”は「（証拠はないが）〈……を〉事実だとする［考える］当然のことと思う」とされている。

講義では、“assumption”は、「情報は不完全ではあるけれども、おおよそ正しいと判断されること」という意味で使われていたようだ。たとえば、雲一つない空を見て「夕方も雨が降らない」と判断する。これが“assumption”である。“assumption”は、通常、我々が物事を判断する上で欠くことのできない精神作用であると言える。しかし、これは情報分析上の大きな失敗を招く原因ともなり得る。言うまでもなく、“assumption”が常に正しいとは限らないからである。雲一つなくても、夕方土砂降りとなることはある。

そうかと言って、日常生活においては（そして自然科学とは異なる情報分析の世界においても）、まったく“assumption”を排除してしまうことは不可能であろう。大事なことは、何が“assumption”であるか常に意識すること、さらにその内容をチェックして誤りを正すことなのである。

本書では、便宜上「前提」と訳すことにした。

## ブレインストーミング

分岐的分析体系は、偏った思考を避けるために、能う限り多くの選択肢を検討する、という分析方法である。したがって、作業を進める上で、いくつかの技法が使われることになる。

その一つが、ブレインストーミングである。ブレインストーミングの技術は一九五〇年代に生み出されたものである。CIAだけに限らず、大企業や軍でも利用されているという。

以下はブレインストーミングにおける「アレックス・オズボーンのルール」である。

①判断の一時停止

批判は許されない。アイデアに対する否定的判断は控えられなければならない。

②フリーホイール（自由回転装置）

自由奔放に動きまわることが歓迎される。アイデアが大胆であるほど、なお良い。考え出すより考えを抑えるほうが容易である。頭に浮かんだことはためらわずに何でも言うこと。そうすることで、より多くの良い考えを生み出すことができる。

③量

量が求められる。アイデアの数が多いほど、創意に富んだアイデアを生み出す可能性も多くなる。

④交雑受精

掛け合わせと改良を探究すべし。前に考えた良いアイデアをさらに発展させるか、組み合わせてさらに良いアイデアを産み出すように心掛ける。

（出典：Osborn, A. F『応用想像力』、ニューヨーク、Charles Scribner & Sons、一九五七年）

## マトリックス

ブレインストーミングと併行して、使われるのがマトリックスである（発音に忠実に従うと、むしろメイトリクスと表記すべきなのかもしれないが……）。

マトリックスは、選択肢がいくつか与えられている場合、どれを選択するのが最も妥当か判断する技法の一つである。もっとも、得られた結果が常に最終解答であるわけではない。むしろ、作業を通して、自分が無意識的に加味していた判断要素を顕在化させることに主眼があるようだ。

講義では、三種類のマトリックスが紹介された。

特に後述の「マイクのマトリックス」では、選択という要素ではなく、後者の「顕在化」の要素に目的があるようである。

### 単純比較マトリックス

最初のマトリックスは単純比較マトリックスである（正確には「単純順位付け二者択一マトリッ

クス（"Simple Ranking Binary Comparison Matrix"）」とでも言うべきものである）。

このマトリックスは、

- 各々の選択肢を他の選択肢と比較する。一度に二つの選択肢を比較する。
- マトリックスの各欄の中に、比較の結果、望ましいほうの選択肢の記号を入れる。
- 各選択肢について、その記号が選ばれた数を合計する。
- 選択肢を、それぞれが獲得したポイント数に応じて、順位付ける。
- 各比較の過程を再検討することで、順位付けを見直す。

という作業を行うことで、与えられた選択肢の中から最も望ましいものを決定することを目的としている。

実際に例を見たほうが分かりやすい。講義でも取り上げられた、「本研修の最後の日に、著名人を招くとすれば誰がよいか」という課題に沿って解説しよう。

このときは、研修生からの提案で、宇宙飛行士、インド首相、金正日、スハルト、ビル・ゲイツの五名が挙げられた。

課題について、単純比較マトリックスを適用すると、次頁の図のような結果となる（どちらが望ましい選択肢かは、研修生七名の投票によって決定）。

| | | A | B | C | D | E | | 順位 |
|---|---|---|---|---|---|---|---|---|
| | | 宇宙飛行士 | インド首相 | 金正日 | スハルト | ビル・ゲイツ | | |
| A | 宇宙飛行士 | × | B | C | D | E | 0 | 5 |
| B | インド首相 | × | × | C | B | B、E | 2．5 | 2 |
| C | 金正日 | × | × | × | D | C、E | 2．5 | 2 |
| D | スハルト | × | × | × | × | E | 2 | 4 |
| E | ビル・ゲイツ | × | × | × | × | × | 3 | 1 |

たとえば、「宇宙飛行士」と「インド首相」とを比べた場合、「インド首相」が五対二の票で、より望ましい選択肢として選ばれたとする。この際、票数自体は欄内に記入しない。比較の結果として、「インド首相」、すなわち「B」が選ばれたことのみを欄に記入する（横A縦Bの枠）。「×」が記された欄は、すでに比較が終わったことを示している（この例では横B縦Aの枠）。

各欄につき1ポイント、同列の場合は0・5ポイントとして計算すると、右上方の三角形様の欄のうち、Bは二つと、同列の欄が一つあるので、2・5ポイント獲得していることが分かる。

上記マトリックスではビル・ゲイツが3ポイントを獲得し、最も望ましい人物として選ばれたことになる。もし、最終結果に違和感がある場合は、各々の比較の過程で何らかの要素を抜かして判断している可能性がある。この場合再度の検討が必要。

マトリックスはあくまでも道具であり、これを使えば直ちに答えが導き出されるわけではないことに注意する。

## 加重マトリックス

加重マトリックス（"Weighted Value Matrix"）は、選択肢を比較する際に、いくつかの評価基準を設定し、各基準に掛けられた負荷（優先順位）を選択の過程に反映させることを通じて、より妥当な結論を見つけ出すことを目的としたマトリックスである。

講義では、「旅行で訪れるとすれば、パリ、モスクワ、カイロ、リオ・デ・ジャネイロ、バンコクの五都市のうち、どこが最も適当か」という課題に取り組んだ。

まず、最初に、旅行先を決めるにあたって、どのような評価基準が考えられるか、話し合った。その結果、「セキュリティー」「物価」「景観、文化、歴史」「食べ物」「交通機関、言語」の五つの基準を設定した。

次に、これらの基準のうちどれを優先させるか、話し合った。つまり、優先度に応じて、負荷を与える（合計10のポイントを各基準に振り分ける）。その結果負荷は、順に3、2、2、1、2にするのが適当であるということになった（この過程を見ても分かるとおり、評価基準の設定だけでなく、各基準についての重み付けについても、意思決定主体の主観が大きく影響することに注意する必要がある）。

次に各評価基準について都市の順位付けをする。

たとえば、セキュリティーについて、研修生の判断では、「パリ」が最も高く、以下「リオ・デ・ジャネイロ」「バンコク」「カイロ」「モスクワ」の順で低くなったので、5、4、3、2、

| | セキュリティー 負荷 3 | 物価 負荷 2 | 景観 負荷 2 | 食べ物 負荷 1 | 交通 負荷 2 | 負荷を掛けた合計 |
|---|---|---|---|---|---|---|
| パリ | 5 | 1 | 4 | 5 | 5 | 40 |
| | 15 | 2 | 8 | 5 | 10 | |
| モスクワ | 1 | 2 | 3 | 3 | 3 | 22 |
| | 3 | 4 | 6 | 3 | 6 | |
| カイロ | 2 | 4 | 5 | 4 | 2 | 32 |
| | 6 | 8 | 10 | 4 | 4 | |
| リオ・デジャネイロ | 4 | 3 | 1 | 1 | 4 | 29 |
| | 12 | 6 | 2 | 1 | 8 | |
| バンコク | 3 | 5 | 2 | 2 | 1 | 27 |
| | 9 | 10 | 4 | 2 | 2 | |

1の数値（順位、得点）をマトリックス該当欄上段に記入する。これら各々の数値に、「セキュリティー」の負荷である3を掛け合わせた結果を、該当欄下段に入れる。

以下同種の作業を、他の評価基準についても繰り返す。

各基準について、各都市のポイントが定まった時点で、都市ごとにポイント数を合計する。たとえば、パリは、各基準で、順に15、2、8、5、10ポイント獲得しているので、合計40ポイント獲得していることになる。

結果、上図のようになる。

上記マトリックスでは、パリが最多の40ポイントを獲得しているので、研修グループの旅行先としてパリが選択されたことを示している。もしマトリックスの結果が、自分の嗜好とあまりにかけ離れている場合には、評価基準の設定自体か、あるいはその重み付けが、実態を反映していない可能性がある。再度検討して、表で得られた結果を調整する必要がある。

表で得られた結果の調整などというと、見かけよりも泥臭い印象がするが、むしろ、調整の過程で、無意識的だった判断要素を意識できることに意義があるようだ。たとえば「自分は、思うほどセキュリティーを重視していなかった」、あるいは「本当はバンコクのほうがカイロよりも食事が充実している」といった具合である。

なお、マトリックスは万能の「打ち出の小槌」ではないので、数字に目を奪われて、結果を過度に信頼するのは危険。あくまで思考のための道具であることに留意する。

加重マトリックスについて、以下のような質疑応答があった。

質問「評価基準はどれくらいの数が適当か」

講師「すでに述べたとおり、マトリックスはあくまで道具であるので、四つから多くて八つの基準が適当だと思う。選択肢は多いほどいいといえる」

質問「マトリックスは『旅行先の選択』のように、自分自身の決定に関するものであり、しかも自分の嗜好がよく分かっているようなテーマについては、うまく適用できるであろう。評価基準の設定、その重み付けだけに止まらず、各選択肢の順位付けも容易であるからである。しかしながら、外国の指導者がどのような政策オプションを採るのか考察する際に、マトリックスを適用できるのだろうか。我々は、彼らの価値基準、選好、判断過程を、自分自身の問題を考えるのと同じように、熟知することはできないのだから」

講師「いい質問だ。結論から言えば、その場合でも適用できる。しかし、指摘のように、容易ではない。対象人物の過去の発言記録などを十分に研究して、判断を行わなければならない。その際に重要なことは、外国の指導者が、完全に合理的な人物、すなわち我々が考えるのと同じように物事を判断すると考えてはいけないということだ。湾岸戦争時に、NICの議長が分析官に語ったことで印象に残っているのは、『実際にサダムが発言したことに基づいて分析せよ』ということであった。純粋に合理的な分析だけでは、妥当な結果を得られないという趣旨である」

質問「評価基準についての質問である。セキュリティーと、それ以外の基準とでは、本質が異なっているのではないか。つまりセキュリティーは判断主体の生命に関わる問題である。命を落としてしまってはそもそも旅行を楽しめないではないか。マトリックス上で、仮にセキュリティーの負荷を増したとしても、この点は解決できないように思えるが」

講師「（質問の趣旨がなかなか伝わらなかったようで）セキュリティーの負荷だけを大きくすると、その他の要素が著しく低く評価されることとなり、旅行先の選定という課題からはずれるような気もするが……」

Q氏「質問の趣旨を理解した。その場合こう考えれば良いのではないか。つまり、先ずセキュリティーを除いた評価基準でもって、旅行先を選定する。次にこの結果に対してセキュリティーの観点から評価を加える。もし選ばれた都市に行けば、死ぬ危険性が極めて高いとすれば、次点の都市を選べば良いわけである」

煩瑣になるので、省略するが、各基準ごとの単純な順位付けに代えて、より微妙な重みを加えるような工夫・応用も可能であろう。

### マイクのマトリックス

マイクのマトリックス（Mike's Matrix）は、たとえば「X国は、Yという事案について、どのような政策をとるか」という情報課題について、複数の「政策オプション」を列挙し、その各々について、その政策が採られた場合の

- 利益（当該X国から見た利益）
- 不利益（上に同じ）
- 起こり得る結果（X国指導者も予期しない結果。分析者から見てどのようなことが起こり得るかという判断）
- （分析者の）自国にとっての意味合い、重要性
- 当該政策が採られる場合の兆候

MIKE'S MATRIX

課題文：X国の指導者は、自国内の違法なケシ栽培を減少させるために、何ができるか。

| | 採用すべき理由（利益） | 採用すべきでない理由（不利益） | 起こり得る結果（政策がもたらすその他の効果） | 意味合い（分析者から見た、自国にとっての重要性） | 指標（政策が実施される兆候） |
|---|---|---|---|---|---|
| 根絶計画を開始 | •生産高が減少<br>•農民が他の植物を栽培<br>•薬物売買人を追い出す可能性もあり | •農場を突き止めるのが困難<br>•農民の収入が減少<br>•農民が新しい場所に移る<br>•農民が計画に憤り、攻撃・防衛のために武装する可能性あり | •農場の移動<br>•地域経済がダメージ<br>•大衆からの強い反発<br>•農場移動までは、短期的な効果あり | •援助金等の要求<br>•薬物売買人が新たな根拠地を探すので、自国内でのケシの生産、売買が増加する可能性あり | •農薬散布飛行機の発注、出現<br>•枯葉剤の発注、出現<br>•伐採機の発注、出現<br>•国際援助の要求 |
| ケシ栽培をしないよう援助 | •農民の諒解を得られる<br>•農民から政治上の支援を得られる | •費用がかかる<br>•助成金への恒常的依存体質をもたらす | •助成の程度によって、地域経済はわずかにダメージ<br>•近隣工業国からの影響力を抑制 | •援助金等の要求<br>•薬物売買人が新たな根拠地を探すので、自国内でのケシ生産、売買が増加する可能性あり | •国際援助の要求<br>•与党議員が観測気球を上げる |
| 輸送路を封鎖 | •密売人のみに対象を絞り、農民を除くことが可能<br>•農民地域経済へのダメージがより少ない | •遂行が困難<br>•密売人がルートを変えると、効果は限定される<br>•ケシ栽培は減少しない可能性あり | •近隣工業国からの影響力を抑制<br>•ケシ栽培減少の可能性は僅かか皆無 | •援助金等の要求。情報提供の拡大を含む<br>•輸送路の変更で、麻薬密売が国内で増加の可能性 | •富裕な国への要求。監視、偵察機、船舶、レーダー機器など。<br>•麻薬取締官の増加 |
| 合法化し、税金を課す | •歳入増加<br>•治安部隊のコスト削減 | •近隣工業国の感情を悪化させる<br>•ケシ栽培は減少せず | •ケシ栽培は増加<br>•密売人の権力が強化 | •自国内での麻薬使用が増加<br>•二国間関係が緊張<br>•工業国との関係が悪化 | •麻薬合法化の国に情報照会<br>•メディアで、市民、外国に立法化を予告<br>•収税官の増加計画 |

を考察することを目的としたマトリックスである。各政策オプションについて、以上の五つの要素それぞれを可能な限り列挙することで、分析の際の固定観念を排し、政策決定者が予想外の事態に遭遇することがないよう、起こり得る事態についての分析を可能な限り漏れなく提示することを目的としている。具体的には前図のとおりである。なお、マイクはＣＩＡ職員の名前だという。

## 演習

研修生自ら、課題提起文を用意して、分岐的分析体系の具体的な作業の進め方を学ぶことになった。

最初の課題提起文は、以下の三つの要件を満たすよう指示があった。

- 研修メンバーが知っているトピックで外国に関するもの（国内問題は不可）。専門知識は必ずしも必要でない（言うまでもなく、これらは本演習に限った〝要件〟である）。
- 興味のある課題でなければならない。
- 「行為者（国家、指導者、政治グループ、経済組織、反逆者など）が、（行為者が選択肢を持っている事柄について）どのような行動に出るか」という形式でなければならない。たとえば、「X国は、生起しつつある国内的不協和を抑制するため、どのような政策をとるか」。この場合の選択肢は、政治改革の実践、経済的・社会的プロジェクトの施行などである。

これに基づいて、研修生は以下のような課題提起文を提出（抜粋。以下同じ）。

- エリツィンの次の大統領は誰か。
- インド政府は、カシミール紛争が深刻化した場合どのような政策をとるか。
- 中国政府は、元を切り下げた場合どのような対応をとるか。
- 国際社会からの制裁を打ち砕くために、サダム・フセインはどのような対応をとるか。

ここでは、

- エリツィンの次の大統領は誰か。

という課題提起文について、「既知情報」「未知情報」「前提」を列挙する（もっとも、この課題は右の三要件のうち、最後の要件を十分満たしていない。しかし、講義では、どういうわけかこのまま進行した。結局、課題の再設定で、講師から軌道修正があった。本書では、講義のとおりの進行とする）。

なお、以下列挙する「事実」はすべて、講義の間に、ブレインストーミング的手法により、研修生から指摘されたものである。事実誤認や、最初の三要件を満たしていない箇所も散見されるが、まさにブレインストーミングであるが故に、そうしたアイデアも排除されていない。作業の進行とともに、結果として軌道修正されればよい、という考え方なのだろう。ここでは、あくまでも考え方の手順を説明することに重点を置き、講義の際の様子を再現したい。実際の作業では、この段階で、基本文献・資料等にあたるなど、相当の時間が費やされることであろう。

もっとも、すべての分析者がこのような手順を踏むわけではないとの指摘もあったが……。一覧すると分かるとおり、「既知情報」と「前提」の境界も、実際にはそれほど明らかではないことが分かる。

既知情報（平成一〇年当時。以下同様）

「大統領選の候補者になる可能性のある人物はチェルノムイルジン、レベジ、ルシコフ、ジュガーノフ、ジリノフスキー」「大統領選挙は二、〇〇〇年」「エリツィンは後継者を指名していない」「インフレ率は減少している」「レベジはクラスノヤルスク州選挙で勝利」「現在キリエンコが首相である」「ベレゾフスキーのような人物が政界に影響力を持っている」「最近内閣が解散された」「労働者への賃金の支払いが滞っている」「ロシアはNATOの拡大阻止に失敗した」「エリツィンの娘が政治の舞台裏で影響力を持っている」「ロシアは天然ガスの最大の供給者」「ロシア軍は、政治的、経済的状況に不満を抱いている」「経済が投票者の主要な関心事である」「貧富の差が拡大している」「マフィアの影響力が強い」「国民は犯罪発生率に関心を持っている」「日本は北方領土問題を二、〇〇〇年までに解決しようとしている」「ロシアはSTARTⅡの批准を迫られている」「旧ソ連邦構成諸国との領土問題」「ドイツがロシアへの最大の投資家である」

未知情報

「選挙の正確な日付」「内閣の正確な構成」「候補者の人気度」「詳細な経済データ」「エリツィンは誰を支持するか」「金融資本は誰を支持するか」「エリツィンの娘自身が立候補する可能性」「エリツィンの健康状態」

前提

「ロシア経済は長期的に上向きである」「エリツィンは候補から退くであろう」

なお、最後の前提の内、後者を"hidden assumption"、「隠れた前提」という。つまり、「エリツィンの次の大統領は誰か」という課題提起文自体に、「エリツィンは大統領選に出ない」という判断が含まれている。「隠れた前提」を自覚することが極めて重要。

## 課題の再設定

この段階で、最初の課題文「エリツィンの次の大統領は誰か」という課題について、再設定を行う。課題文の再設定は、「既知情報」「未知情報」「前提」を列挙した後に行うものである。

課題の再設定という考え方は、ビジネスの世界でもよく使われているという。「正しい質問をしなければ、正しい回答を得られない」ためである。再定義文は目をみはるものであるほど、有用である。

課題文を再定義する際のルールは以下のとおり。

- 最初と同じ言葉で課題文を述べない。
- 同じ課題へのさらなるアタックは、まったく違った視点からされるべきである。
- 課題が分からない場合は、聴衆に説明し、自分自身に耳を傾けよ。
- 再定義した結果、課題が別のものになったとしても気にするな。新たな機会を得たことになる。
- 再定義文が驚くべき内容であるならば、有用である。
- 課題を裏側から研究することは常に有益。

我々がクラスの中で課題を再設定した結果は以下のとおりである。

「エリツィンは次の選挙に立候補するのか」「大統領選後ロシアの政治状況は安定するか」「エリツィンは後継者をうまく指名できるか」「エリツィンを後継できるものが誰かいるのか」「北方領土問題について話し合うことになるのは誰か」「どうやって日本は次のロシア新大統領と関係

を構築するのか」「旧ソ連邦構成諸国との領土紛争などをめぐって何が起こるか」「エリツィンとともに去るのは誰か。誰が残るのか」「次のロシア大統領として最も望ましくない人物は誰か」「ロシア大統領選によって、西側の投資はどのような影響を受けるのか」「ロシア軍は次の大統領に満足するか」

これを見ると、研修生全員、最初の課題の要件を忘れてしまっていることが分かる。結局、以上のアイデアを検討して、講師から「次期大統領は北方領土問題について、どのような対応をとるか」という課題が適当ではないかとの提案があった。

## 政策オプションの列挙

新たな課題文について、ロシア側がとる可能性のある政策オプションを列挙する作業。

「ロシアは北方領土を日本に返還する」「ロシアは北方領土を日本に返還しない」「ロシアは北方領土を日本と共同開発する」「態度を保留し、いかなる立場も明らかにしない」「北方領土を日本に売却する」「一部返還するが、全部は返さない」「北方領土における軍隊を増強する」「ロシアは北方領土について国連決議に従う」「北方領土全島と、他の日本領（たとえば佐渡島）を交換する」「ロシアは、北方領土における人口を減少させる」等々。

やはりブレインストーミングの手法による。実際には、もっと大胆な（！）政策（「日ロで新たな共和国を作る」etc）もあったが、紙数の関係で割愛する。

## 「マイクのマトリックス」の適用

「次期大統領は北方領土問題について、どのような対応をとると考えられるか」という課題について、右に列挙した政策オプションのうち、「ロシアは北方領土を日本と共同開発する」という政策オプションを例にとって、マトリックスを埋める作業を進めた。

①（ロシアから見た）政策を採用すべき理由（利益）
「開発からの利益」「領土支配の継続」「日ロ共同による安上がりな領土開発」「ロシア国民の政府支持を維持」「日本と良好な関係を維持」「失業率の低下」「海洋資源の確保」

②政策を採用すべきでない理由（不利益）
「日本は強硬に反対」「ロシア民族主義者も反対」「日本の影響力が増大」「平和条約が結ばれない」「周辺諸国（中国など）が日ロ関係について疑念を抱く」「日ロ関係における交渉材料を失う」「当該地域における安全保障上の均衡が崩れる」「旧ソ連邦構成諸国との領土紛争にも影響を与える」「中ロ関係に悪影響を及ぼす」

③起こり得る結果（その他の影響。政策決定者も予期せぬものを含む）

「ロシアは日本に主権を戻す」「ロシア政府は国民の支持を失う」「ロシアは日本に資源を開発する権利を与える」「両国とも四島の開発に失敗」「ロシア軍指導部の不満が増大」「大統領は国民の支持を得る」「米ロ関係の悪化」

④日本にとっての意味合い

「日本経済の上昇」「開発費用の負担」「四島を再び取り戻すための主導権を失う」「ロシアと平和条約を結ぶチャンスができる」「右翼が活発化」「中国が日ロ関係に対して警戒感を抱く」「共同開発しても、日本の投資家がロシアから債権を回収できない可能性がある」「日本の他の領土問題（尖閣問題）などに影響を与える」

⑤兆候

「ロシアの企業が秘密裏に日本企業と接触」「四島におけるロシア人人口が増大」「ロシアは、投資資金を求めて、国際機関に接触」「PRの開始」「シベリアにおける交通網の整備」

各政策オプションについて①から⑤のような作業を繰り返し、要点となり得るポイントを抽出して図表化する。このマトリックスの長所は、たとえ実現される可能性の少ない政策であっても、採用されれば大きな影響を与えかねない政策について、その存在を顕在化させ、分析を加えることで、政策決定者に対して事前に情報を与えられる点にある。

マトリックスと現実の政策との関係であるが、分析者の任務はあくまでも分析結果の提示にとどまるのであって、特定の政策の推薦をするということではない。政策の潜在的可能性と、それが持ち得る意味を問題にしているだけである。

ただし、“Opportunity Analysis”（機会分析）も存在する。政府の政策があらかじめ分かっている場合に、これについて評価を提示するということである。分析者は「政策Aではなく B を採用するべきである」とは言えないが、「政策Aの議論の前提となっている事実は誤りである」と指摘することはできる。

なお、通常、マトリックス自体は、ほとんど報告書には現れない（あくまで分析の道具であるため）。ただし、“Mike's Matrix”は、時に、ビジュアル化されて、報告書で使われることもあるという。

※質疑応答

質問「『マイクのマトリックス』では、各項目の内容が単に列挙されているだけで、その事項が起こり得る蓋然性が評価されていないように思う。どうやって評価するのか」

講師「答えはブラックボックスである（！）。すなわち分析官個々人の経験によっているということである」

質問「どうすれば、そのような『ブラックボックス』を獲得することができるのか。できるだけ多くの報告書や新聞を読むということか」

講師「分析は事実の代用物ではない。ロシア大統領選をめぐる秘密資料が手に入れば、すべてのことがたちどころに分かるかもしれない。しかし通常そんなことはあり得ない。できるだけ多くの報告書を読むというのはそのとおりだが、結局は分析者個人の能力に掛かっている」

質問「マトリックスを作るときに、分析者のバイアスが掛かることがあるのではないか」

講師「そのとおり。それを避けるために、多人数でマトリックスを作成したほうがよい。時間がないときには、自分でとりあえずマトリックスを作って、同僚にコメントを求めるなどの方法が有益であろう」

## とりあえずの感想

上に記したような分析が、どの程度ＣＩＡで実践されているかは、定かではない。正直なところ、私としては、今振り返ってみても、何か狐につままれたような気がする。特に、"Mike's Matrix"については、実際政策決定者に重宝されているのか、疑問に思わないでもない。私の個人的な印象ばかりでもないようである。事実、毎年の研修成果が、公安庁の業務にまったく反映、応用されていない。「ＣＩＡ研修で何を学んだのか」と聞かれると、研修者は口々に「マトリックス」と答える。印象には残るのだが、今ひとつ腑に落ちないのである。

この違和感は何に起因するものなのだろうか。

よく考えてみると、課題文自体が公安庁の業務実態にそぐわない内容であることが分かる。

「次期ロシア大統領の分析は、北方領土問題についてどのような対応をとると考えられるか」というような大きなテーマの分析を、公安庁が求められる機会はほぼない（例外的に、北朝鮮関係ではあるかもしれないが……）。あり得べき選択肢を、政策決定者に提示するというような役割を与えられていない。役割が与えられていないのだから、マトリックスの使いようもない。マトリックスは、むしろ外務省のような機関が利用する限りにおいて、効果を発揮するのかもしれない。

そもそも、日本の政策決定者が、たとえば外交政策にあたって、果たして、いくつものオプションを検討しているのか、という根本的な疑問もある。日本が主体的・積極的な外交政策を展開しているといえる事例があるのだろうか。ほとんどの場合、米国に追随しているだけではないのか……。主体のないところに、情勢判断はない。判断停止すれば、迷いもない。迷いがなければ、情報分析が求められることもない。

いくつもの政策課題について、あらゆる要素を考慮して行動するアメリカ。CIAのような巨大かつ機能的な組織が、アメリカに誕生したのも、必然的なことだったのかもしれない。そう考えると、公安調査庁というチッポケな情報組織の内部事情はさておくとしても、日本における情報活動なり情報分析の意義を考えること自体、何か空々しい感じさえしてくるのである。

## 分析レポートの原則

マトリックスよりも、直接業務の参考になるように感じられたのが、CIAの報告書スタイルの一端並びに報告書作成の技法であった。

まず、一般原則について触れておこう。

分析レポートを書く際には以下の諸点に留意しなければならない。

①「木」ではなく「森」を見て、結論を最初に書く

- 学術文書やビジネス文書よりも、より普遍性のある書き方で書く。
- 判断や発見を最初に置き、次にそれを補強するように叙述する。レポートの読み手は、何が重要な点か直ちに知りたいものだ。

②情報の整理

- 情報を論理的に、順序良く提示し、読者に混乱を起こさせず、何度も読み返させないようにする。
- アウトラインを用意し、自分の考えをしっかりまとめるようにする。
- 要点をはっきりと述べて、次に進む。

③書式を理解すること

- どのような種類の発行物も、独自の体裁を持っている。これが情報をまとめる際に役立つ。
- (書式における)類似点と相違点を理解し、機知に富んだ報告書を、素早く作成する。

④明晰な言葉遣い

・頭に浮かんだことを正確に伝える言語表現を、時間をかけて選ぶ。
・報告書を読んだ者すべてが、同じメーセージを読み取れるようにする。決定的なテスト：書いたものを自分で理解できるかどうかではなくて、読み手が誤解する可能性がないかどうかで、レポートをチェックする。

⑤言葉の節約

・書き手としての試練は、簡潔明瞭さを達成すること。
・時間のない忙しい人のために書いていることに注意。
・読み手が作品を読むために労力を割くのを避ける。読み手の負担を軽くし、かぎられたスペースにできる限り多くの情報を盛り込む。

——簡明で、よく使われる言葉を選ぶ。

——すべての言葉が重要なようにする。

——一文を短くすることで、読み手の負担を軽くし、与えられたスペースで可能な限り多くの情報を盛り込むことができる。

——会話調にする。理解力のある友達に話し掛けるように書く。

——重複、修辞、口語体、専門用語、抽象概念を避ける。

——形容詞や副詞を使うのを控え目にする。

・時には長い言葉や文を選ぶことができる。が、短いもので同じことが表現できる場合は、それを避ける。

⑥明晰な思考をする

- 文筆は紙の上での思考である。
- 書かれたものの意味が明確でない場合、言葉の背後にある思考も明確でない可能性がある。
- 読み手に意味が明らかになるようにする前に、自分自身に明らかなようにする。
- 簡潔さを求めるあまり、明晰さを犠牲にしてはいけない。

⑦受動態でなく能動態を使う

- 能動態を使うことで、報告書はより直接的で、力強く、簡潔になる。そしてより分析的になる。
- 文章を構成する際に、主語が目的語に働きかけるようにする（例：「男がボールをついた」）。主語が動詞の働きを受けないようにする（例：「ボールは男によってつかれた」）。
- 受動態を使うのは、特定の言葉を文の主語にする必要があり、能動態ではそれがうまくいかない場合だけにする（例：「X首相は、本日、クーデターによって暗殺された」）。

⑧自己編集

- 推敲は文章作成上不可欠の作業である。最初の原稿で完璧なものを作れる書き手はいない。
- 提出する前にすべての作品を編集する。
- 完成品と思われるものを上司に提出する。他人が自分の作品を編集すると思わないようにする。しかし、可能であれば、最終的に提出する前に、同僚に頼んで、明晰さ、分析的判断、誤植をチェックしてもらうようにする。

⑨読み手の需要を知る

- メッセージを見て、何が重要であるか自問する。
- 作品が良質の分析であれば、読み手は書き手のメッセージを使うことができる。
- 読み手が分析報告を見るのは、主に、事柄に関する洞察と警告を求めているからである。事柄によって行動を起こす必要があるからである。
- 分析報告が最も役立つのは、読み手が知りたいことと、知るべきことを同時に述べている場合である。すなわち、読み手が問うべき質問に答えている場合である。

⑩同僚の持っている専門知識と経験を利用する

- レポートは、チームによる努力の賜物である。他人の貢献や編集による改善を必要としないほど、優れたレポートを書けるものはほとんどいない。
- チームのすべてのメンバーが、レポートを、可能な限り良く、分析的に書き上げるよう望んでいる

## レポートのスタイル

報告書は「逆三角形の構成」でなければならない。すなわち、結論が冒頭に来る。重要部分ほど前に述べる構成になっている。一九世紀アメリカのジャーナリストが発展させた。

理由は明快で、政策決定者には時間がないからである。報告書のスペースにも限界がある。時間がないときには、途中まで読んでも大意がとれるように、工夫するのである。

レポートには、"WHAT"→"SO WHAT"という内容が含まれていなければならない。つまり、「何が起こって」、それが「どのようなことを意味しているのか」示していなくてはならない。

たとえば、"Current Intelligence Report Style"（現在情報分析レポート）を例にとると、

FRANCE——Terrorist bomb likely prelude to futher terrorism.

という表題の部分にすでに、"WHAT"「爆弾テロがあったこと」、"SO WHAT"「さらなるテロが起こり得ること」が、簡潔に示されている。

以上の点を踏まえ、講義では、以下の架空の生情報に基づいて、〝現在情報分析レポート〟を作成するという演習が行われた。

架空の生情報

九八年六月一七日、信頼できる情報源が伝えるところによれば、北海道を出発したトラックの運転手が、麻薬取引をしているという。

しかし、運転手を取り調べても変わったところはなく、トラックを調べても、九六〇個のラジ

アルタイヤしかない。インボイス（送り状）に書かれた通り、コロンビアのボゴタから輸送されたものである。ただ、インボイスには、タイヤ一つ当たりの値段が、米ドルで三ドルと記されていた。トラックは検査をクリアした。行き先は、東京のマルコス商事である。

我が機関が把握するところでは、マルコス商事のオーナーは、一九六四年マニラ生まれのフィリピン人、マニュエル・マルコスである。彼は見たところまともな企業家だが、近年事業が目覚ましい躍進を遂げている。犯歴はないが、義理の兄弟で、同じくフィリピン人のジョージ・ジョセは、しばしばその名が麻薬商人の間で取り沙汰されている。これら商人が暗躍して、ビルマから日本を経由して、アメリカ・ヨーロッパへと麻薬を密輸出している節がある。

情報源がさらに指摘するところでは、過去二週間の間に、マルコス商事は、インスタント・カメラ一、〇〇〇台をマニラの支所に輸出している。一台当たり二・五ドルである。一方、フィリピンからは、三〇〇トンの砂を一トン当たり六・〇二五ドルで輸入している。さらに、ビルマへは、サラダ油、一、二五〇ボトルを、一瓶七二〇ドルで輸出している。

レポート作成に当たっては、講義で学んだことに、改めて留意するよう指示があった。

つまり、

• タイトルは、“WHAT–SO WHAT”の構造

- 先頭文（分析）とその根拠付けという構造
- 分析部分を強調表示

さらに、作成にあたっては、以下の点に注意する。

- 「既知情報」「未知情報」「前提」を検討する。
- 自国にとって何が情報課題か特定し、記述する。
- 再度記述してみる。
- 多くの結論を模索する。最初の結論で満足しない。
- 不可欠の情報を特定し、情報消費者に知らせる。
- レポートの焦点を定めて、タイトルをつける。〝何が起こったのか〟ということと、その重要性を定め、第一パラグラフの第一文で記述する。
- 論拠や情報源を示すセンテンスでもって、第一文を補強する。
- 消費者が要求しているであろう程度の汎用性を持つようにする。

模範解答

麻薬売買：東京の商社が、マネーロンダリングの可能性最近の疑わしい輸出入の動きを見ると、国際麻薬売買組織は、マルコス商事を使って、国際的な資金移動をしている。

• 信頼できる情報筋によれば、過去二週間の間に、マルコス社は法外な価額で物品の輸出入をしている。インスタント・カメラ千台をフィリピン支社に輸出しているが、一台あたりの価格は二・五〇ドル。ビルマに輸出した一、二五〇本のサラダオイル一本あたりの値段は七二〇ドルである。コロンビアからはラジアルタイヤ九六〇個を一個三ドルで、フィリピンからは三〇〇トンの砂を、一トン六・〇二五ドルで輸入している。

• オーナーのマニュエル・マルコスに犯歴はない。が、義理の兄弟で同じくフィリピン人のジョージ・ジョセは、しばしばその名が、麻薬密輸容疑者の会話で取り沙汰されている。

我々の判断するところ、麻薬売買組織は、合法品目の輸出入価額の増減操作を通じて、麻薬資金の移動を隠蔽し、商用外の銀行振替によって容疑を招くことを避けている。

我々は、××××××に注目し、継続調査中である。

## 心理テスト

分析を誤る原因としては、分析者自身の性格によるバイアスも考えられる。自分自身の性格を知れば、分析の際の偏向を抑えることができる。

心理テストが利用されるのはこのためである。"Myers Briegs Type Indicator"（通称ＭＢＴＩ）

と呼ばれる心理テストである。MBTIはCIAだけでなく、軍隊やIBMでも採用されているという。

テストでは、

1　パーティーでは

（a）見知らぬ人も含め、多くの人と触れ合う。

（b）知り合いの二、三人と触れ合う。

2　自分は

（a）物思いに耽りがち、というより現実的である。

（b）現実的というよりは、物思いに耽りがちである。

といった具合の質問一二〇項目について、a、bを選択する（講義では、簡略版を使用し、質問数は七〇）。

各質問の選択肢は、実は、"Extravert"（外向的＝E）―"Introvert"（内向的＝I）、"Sensor"（現実的＝S）―"Intuivite"（直感的＝N）、"Thinker"（論理的＝T）―"Feeler"（情緒的＝F）、"Judger"（決断的＝J）―"Perceptive"（知覚的＝P）という性格類型に対応している。

テスト結果に基づき、各についてポイントを加算し、順にE対I、S対I、T対F、J対Pを比較し、優勢なほうの類型を選び出す。その結果、たとえば、〝ＥＮＴＪ〟という具合に、その人の性格タイプが示される、という。

全部で一六通りのタイプが考えられるわけだが、それぞれの典型的な特徴とともに一覧表にされている。ちなみに、〝ＥＮＴＪ〟を見ると、「親切、率直で、勉学に優秀。指導的である。理論を伴う作業、知的なブリーフィングなどを得意とする。概して事情通で、知識欲がある。時に経験が裏付ける以上に、自信家になる傾向がある」などと記されている。

ＭＢＴＩは、インターネット上でも公開されているらしいので、興味のある方は、試されるのも一興かもしれない。

※質疑応答

質問「ＣＩＡはＭＢＴＩを採用の際に義務づけているのか」

講師「採用時の義務づけはない。強制ではないが、希望者はテストを受けている。私自身このテストを受けたのは、入局数年後に〝Advanced Course〟を受けたときだった。なお軍隊ではＬＬＰＩというテストが採用時に使用されている」

質問「分析者にとって望ましい性格類型というのが存在するのか」

講師「結論から言えば存在しない。分析者が特定の性格類型に偏ってしまうと、分析結果もまた偏ることになるからである。性格類型自体に優劣はない。大事なことは複数の性格類型を持つ者が協調して作業を進めるということである」

質問「ＣＩＡは職員のＭＢＴＩ試験結果をどのように管理しているのか」

講師「誤解のないように言っておくが、ＭＢＴＩ自体は何ら秘密のテストではない。インターネットでもＭＢＴＩあるいは同種のテストは公開されている。テスト結果についても同様である。二、三週間あるいは一カ月仕事をすれば、相手がどのタイプかおおよそ分かる。日常会話で『あなたのＭＢＴＩは何ですか』というようなやり取りが交わされることもある。ＭＢＴＩのメリットは、グループ内で衝突が起こったときに、自分はなぜ他の人物と衝突したのか、性格類型に当てはめることで冷静に対処できる点にある」

## その他

講義の大要は、以上かいつまんで説明したとおりである。実際には、ちょうどＭＢＴＩのような、興味深いクイズや演習なども数多く行われ、理解の助けとなった。ここですべてを紹介できないのが残念である。

また、複数で分析作業を行う際の共同作業上の留意点、レポートを口頭で発表する際のブリーフィングの技法、特色のあるところでは、人権問題についての配慮（この種の研修では、必ずカリキュラムに入れるよう義務付けられている模様である）などが解説されたが、やはり紙数の関係で取り上げられない。

# 第三章　ＣＩＡとＰＳＩＡ

## 研修開始の事情

公安調査庁が、ＣＩＡ情報分析研修への職員派遣を開始したのは、平成五年である（参考資料Ⅳ）。以前からＣＩＡとは情報交換を行う関係にあったのだが、研修生派遣という形での交流はなかった。一方、第二章で触れたように、警察庁は、少なくとも昭和三五年前後から、職員をＣＩＡに研修派遣している模様である。しかも、それは四カ月強にも及んでいる。内容も、分析研修というよりは工作員研修に近いものだったようである（前掲『わが罪はつねにわが前にあり』）。警察と比較するならば、むしろ公安庁の研修が始まったのが、ようやく平成五年であることに、奇異な感を受けざるを得ない。

平成五年当時は、北朝鮮が、国際原子力機関（ＩＡＥＡ）による特別査察を拒否、同年三月には、ついに核拡散防止条約（ＮＰＴ）からの脱退を表明するという、朝鮮半島情勢が緊迫していた時期である。ＣＩＡとしても、北朝鮮情報には定評がある、とされている公安庁に注目せざるを得ず、ＣＩＡから見た公安庁の〝情報機関〟としての評価が上昇して、これが情報分析研修の発足に結びついたという背景事情は指摘できるかもしれない。平成五年度の研修でも、ＣＩＡ側の主たる関心は、北朝鮮問題にあったようである（参考資料Ⅳ本文）。

情報分析研修の発足は公安庁からの申し入れによるものであり、当時公安調査庁研修所教頭であった児島龍郎氏の発案によるものだとも言われている。研修開始にあたって、庁全体としての戦略的目標が、意識的に捉えられていたか否かは必ずしも明確ではないが、公安庁側のメリットとしては、次のようなことを挙げられるだろう。

すなわち、ＣＩＡ研修の開始は、公安庁の〝情報機関化〟という流れにも資する内容であった。公安庁は、破防法という根拠法に照らす限り、本来的には国内の団体規制機関である。しかし、冷戦崩壊後、国内左翼勢力の退潮はいよいよ明らかとなり、他方、朝鮮半島・中国情勢、国際テロなど、いわゆる〝海外公安情報〟についての情報需要が高まっていた。こうした現実に対応して、公安庁は、九〇年代初頭、〝団体規制機関〟よりも〝情報機関〟としての性格を前面に押し出すことで、業務改革を行い、組織存続を図ろうとする。平成二年大嘗祭の際に中核派規制を見送ったことは、公安庁リストラ論のかつてない噴出を招き、〝情報機関化〟の流れは決定的となった（実際には、平成七年、公安庁がまったく予期せぬうちにオウム事件が発生し、改めて団体規制機関としての本来業務が再認識され、結果として業務・機構改革は複雑な軌跡を辿ることになる）。ＣＩＡ研修がスタートした平成五年は、後の八年の法務省組織令改正に結実する業務・機構改革がまさに具体的にスタートした時期でもあったのである。

ＣＩＡとの関係をより緊密化すれば、提供される情報のレベルもそれだけ向上する、という思惑も働いていたことだろう。公安庁が機微にわたる〝ＣＩＡ情報〟を入手すれば、他の国内政府機関に対して、庁の存在意義をアピールすることができる。対外的に積極的に公表するかどうかは別として、ＣＩＡとも研修生を派遣する関係にあるという事実は、絶えず存在意義を疑問視されてきた公安庁にとって、心強い材料である。

ひるがえって、ＣＩＡの側にも、研修を施すメリットがある。Ｑ氏も指摘していたように、報告書作成の方法、書式をある程度統一することの意味は大きい。つまり、公安庁が勝手な方法で、分析やレポートの作成を行っていては、仮に情報提供が行われても、ＣＩＡとして十分に評価・活用できない。必要な教育を施して、自分たちのスタンダードに合わせておく必要がある――というのは容易に理解できる意図である。

しかも研修経費はすべて公安庁側が負担している。経費の全貌は不明であるが、私が研修に参加した際には、旅費支給額として、研修生一人当たり四〇万五、五四〇円が支給されている（内、航空券代一二万八、四〇〇円）。このほか、実態は知る由もないが、ＣＩＡに対しても研修諸経費が手交されているものと推察される。もちろん、研修担当者の労は大きいだろうが、少なくとも経費に関する限り、ＣＩＡは何のコストも払っていないのである。

## 〝分析研修〟のねらい

以上が研修開始の理由である。しかし、私には、どうももっと深い事情が作用しているように思われるのである。

結局最初の疑問に戻るのだが、「どうして平成五年なのか」ということは、この研修制度の本来的な性格を捉える上で、重要な意味を持っているように思う。研修制度発足の経緯について詳しい、ある公安庁幹部によれば、平成五年以前は、ＣＩＡ側に公安庁の研修生を受け入れる、差し迫った必要性が存在しなかった、というのである。

五年以前は、ＣＩＡと個人的に深いパイプを持った職員が公安庁に在籍していた。もちろん日本人であるが、ＣＩＡや米軍とは占領時代からの繋がりで、情報連絡にあたって、ちょうど第一章で触れた日系ウエムラ氏のような役割を果たしていた。連絡役（リエゾン）という性格からなのだろうか、文字どおり、どちらの機関の職員か分からないほどの働きぶりだったらしい。

その職員もやがて定年を迎え、第一線を退くことになった……。

端的に言うと、ちょうど同時期、ＣＩＡとしては、新たなパイプ役を育成する必要に迫られていたようなのである。そう考えると、〝情報分析研修〟という名目とは裏腹に、実はＣＩＡ側には、かなり生々しい意図がある、と指摘できるかもしれない。

冷戦崩壊後も東アジアは、朝鮮半島情勢、中・台問題をはじめ、潜在的あるいは顕在的不安定要因を抱えている。米国にとって、この地域で情報活動を展開することの意義は、依然として大きい。一方、いかにＣＩＡとはいえ、無尽蔵に人員と予算が与えられているわけではない。むしろ、ソ連邦と対峙していたときとは異なって、厳しい予算削減にさらされているのが実態であろう。つまり、予算・人員面での限界を補うために、政策的に、現地情報機関に対する関与の度合いを強めようとしているのではないか、そのために、〝情報分析研修〟制度が利用されているのではないか、とも推測できる。

第一章でも見たとおり、情報分析研修には、タイやフィリピンからも機関職員が参加している模様である。全貌については知る由もないが、各国治安・情報機関員にＣＩＡが研修を施しているという事実は注目を要する。

要するに、ＣＩＡのほうとしては、情報分析法の伝授そのものよりは、外国情報機関の職員を、研修名目で招請していること自体に意義を見出している様子なのである。外国機関の中にＣＩＡシンパを作ることこそが、ＣＩＡ側から見た研修最大の眼目なのではないか。〝スパイ養成〟という表現が適当かどうかは別として、少なくとも日本情報機構内におけるＣＩＡシンパ層の拡大を目指していることを否定するのは困難なように思われる。

そもそも、情報〝分析〟研修のＣＩＡ側担当部局が、"the Directorate of Intelligence"（分析局）ではなく、はたまた管理局の教育訓練センターでもなく（ただし教材はここの作成）、"the Directorate of Operation"、すなわち、他ならぬ工作担当の作戦局であることも、以上の推測と符合しているように思う。

研修が始まって、平成一二年で八年目である。毎年六、七名の参加者がいるので、平成一一年までに、すでに少なくとも四〇名を超える参加者がいることになる。全職員約一、七〇〇名のうちの四〇名である。参加者は、やはり本庁職員が圧倒的に多いので、そのうち三〇名前後は本庁からの参加者であると見てよい。本庁の人員は約四〇〇名なので、本庁について言えば、一割に近い職員がCIAで研修を受けたことになる。CIAの〝研修目的〟は、相当程度達せられている、というのは著者の穿った見方だろうか……。

## CIAスパイ事件は公安庁にも影響

分析講義初日のセキュリティー上の注意でも取り上げられたので、参考までに、一九九六年一一月に検挙されたハロルド・ニコルソン事件にも簡単に触れておこう。意外にも、公安庁も無関係ではないのである。

CIA職員ハロルド・ニコルソンが、ロシア情報機関SVR（対外情報局、KGBの後継組織）に九四年来、内部情報を漏洩していたところ、FBI、CIAの協力によって摘発されたという事件である。漏洩した情報は、チェチェン情勢、CIA工作員の身分事項等に及び、九四年のエイムズ・スパイ事件以来の大事件であるとされている。ニコルソンはCIAの高官で、ルーマニア所長、シンガポール副所長等を歴任している。八七年から八九年まで、日本に赴任していたこともある。九四年から九六年七月までは、研修担当職に就いていたという。事件については、捜査に当たったFBIのSA（“Special Agent” 特別捜査官）の宣誓供述書が、FBIのホームページ上でも公開されている。これを見ると、ニコルソンに容疑がかけられ、スパイ活動が次第に明らかになる過程が、生々しく描かれていて興味深い。たとえば、次のような描写がある。ニコルソンが、シンガポールへ私的な旅行に出かけ、現地でロシア機関員と接触するくだりである。

……この四時間の間に、ニコルソンは、“surveilance detection run” を行った。すなわち、監視を探知するための作業である。たとえば、突然踵を返したり、ショーウィンドーを反射鏡にして後ろを確認したり、地下鉄の駅に入ったかと思えば出たりといった具合に、いくつもの監視発見手段をとっていたことが確認されている。……（略）……午後七時一五分、ようやく、地下鉄駅に辿り着いた。ニコルソンは、駅のエスカレーター付近にとどまって、ほかの乗客全員が階下に降りるのを待った。しばらくしてエスカレーターを降り、駅の端、タクシー乗り場近くの石のシートに腰掛けた。数分後、立ち上がり、駅の中心広場のほうに戻った。ニコルソンが広場を横切る間、コーカサス人の男が接触し、二人はタクシー乗り場のほうに向かった。車のトランクが開いた。ニコルソンはカメラ・バッグをその中に入れ、自分も後部座席に乗り込んだ。車は外交官ナンバーで、シンガポールのロシア大使館として登録されている。……

監視を警戒する対象者を、しかもＣＩＡ職員を、どうやってここまで監視することができたのか、気になるところだが、ＦＢＩの行動確認能力が、スパイ活動への無言の警告になっていることは想像に難くない。

ところで、ＳＶＲへの情報提供の中には、実は、公安庁からＣＩＡ研修に参加した職員のリストも含まれていた。それまでの研修参加者、つまり約三〇名の公安庁職員リストがロシア情報機関の手に渡っていたのである。

## 情報交換の実態

第四章で説明するが、外国情報機関との渉外・連絡は本庁二部二課の業務である。外国機関との間で定期的に開催される情報交換会議は、「協議会」と公安庁では呼ばれている。ＣＩＡとの協議会が最も大きな比重を占めていることは言うまでもない。

ＣＩＡは、公安庁、特に二部二課では〝ＡＡ機関〟という符牒で呼ばれている。同じくモサドは〝ＩＳ機関〟、ＳＩＳは〝ＢＲ機関〟といった具合である。秘密めいた響きがあるが、実はいずれも国名に由来している。保秘を目的としたものというより、むしろ隠語に近いものであろう。

ところで、公安庁はＡＡ機関とどのような情報をやり取りしているのだろうか。

容易に想像できるように、北朝鮮に関する情報は大きなテーマの一つである。公安庁からは、国内朝鮮総聯の動向を中心とした情報、北朝鮮の本国情勢に関する分析などが提供される。いくらＣＩＡが巨大な情報機関であるとはいえ、日本国内の総聯の動きを丹念に追跡するのは困難である。この点に関しては、公安庁に比較優位があり、ＣＩＡも情報提供を受けるメリットがあるという。

この辺りの事情について、菅沼光弘元公安調査庁調査第二部長は、次のように説明する（月刊『宝石』九六年六月号「北朝鮮・ロシア・中国への諜報活動」）。

「朝鮮総聯系の在日朝鮮人の人から情報を仕入れるのが大変有効なんですね。この人たちが北朝鮮へ行くと、北朝鮮からいろいろな話や指令を聞いてきます。いろいろな指導を受けてくる。この人たちが見た北朝鮮というのは、やっぱり他の人が見た北朝鮮とはちょっと違うんですよ。これは非常に貴重な情報になります。韓国には北朝鮮からの亡命者もたくさんいますけれども、彼らは、できるだけ自分を高く売り込もうとするので、しばしば誇張が入ります。

……（略）……数年前、核疑惑だなんだと北朝鮮の問題がクローズアップされたとき、ＰＳＩＡの北朝鮮情報は世界で最高だと言われたのです。それは何を隠そう、公安庁がヒューミント（人から話を聞いて直接情報を得る情報収集活動）で入手する北朝鮮情報は、他の情報機関では真似のできない代物だからです」

これを公安庁では、「総聯という針穴を通して、北の本国情勢を覗き見る」と称している。が、北朝鮮分析担当者が本音で漏らすところでは、菅沼元二部長の発言趣旨とは裏腹に、「総聯という針穴を通して」云々というのは、まったくのお題目になっているようである。針穴を通しても、北朝鮮の本国情勢は把握し難い。というのも、総聯にとっても、北朝鮮は閉ざされた存在であり、事前に重要な情報が漏れ伝わることは稀だからである。

北朝鮮から離れるが、やや意外な事例も挙げておこう。公安庁からCIAに対しては、国政選挙に関する情報なども提供されている。公安庁は現在も本庁調査一部一課で、選挙情報のとりまとめ、票読みを行っている。テレビ速報や出口調査の発達で、選挙分析の重要性が相対的に減少したことは否めないが、今なお与党筋から重宝されているようだ。平成一一年七月二九日付け『東京新聞』朝刊は、公安庁が特定政治家に対して選挙情報を提供していることを報道しているが、実は国内の政治家だけではなく、外国情報機関に対しても提供しているのである。たとえば、昭和六一年の第三八回衆議院選挙（二度目の衆参ダブル選挙）である。自民党は三〇四議席を獲得し大勝した。当時の選挙担当者が誇らしげに語るところでは、わずか四議席の誤差で当落を予想し、CIAからも高い評価を得たのだという。

## CIAからの情報提供

一方、CIAからは、CIAでなければ入手できない軍事情報（北朝鮮とパキスタンとのミサイル技術交流など）や、衛星画像情報などが公安庁に提供されているようである。後者については、完成間近の北朝鮮原子炉施設の衛星画像が、ＣＩＡから公安庁に九一年に情報提供された旨、公然資料にも記述がある（九六年七月二四日付『ウォール・ストリート・ジャーナル』紙「北の核開発を遅らせようとする日本政府の思惑が挫かれた事情」）。

もちろん、ＣＩＡからあらゆる情報が提供されるわけではなく、実際には、かなりの限定があるようだ。たとえば、平成一〇年八月末のテポドンの発射実験については、ちょうど一週間前に豊嶋秀直前公安庁長官がＣＩＡを表敬訪問していたにもかかわらず、何ら事前の情報提供がなかった。当時、ＣＩＡからは、外務省、防衛庁などに情報提供が行われていた模様である。

米朝協議の行方も日本の外交政策に大きな影響を与えるという点で、極めて重要な情報だが、米国の政策に直接に関わる問題であるためか、情報提供は行われていない。

この項の関連で、北朝鮮情報の交換についての具体例を一つ挙げておこう。平成九年度情報分析研修のＣＩＡ本部でのブリーフィングである。研修報告には以下のように記されている。

○　米ＣＩＡ側から当方に対して、①日本人妻里帰りの実現性の有無　②朝鮮総聯の北朝鮮本国への送金額が減少しているのは事実かどうか　③子供が北朝鮮本国に在住する在日朝鮮人が死亡した場合、遺産がその子供に渡るのかどうか——などの質問があった。これに対して当方は、①については、一〇月中には第一陣の里帰りが実現するはずである　②については、事実であり、バブル崩壊を受けて在日朝鮮人の財政事情が苦しくなったことが原因である　③遺産については、総聯を通じて、子供に引き渡される――旨返答した。

○　当方から、①在米朝鮮人の人数　②米国内の朝鮮総聯の有無　③「ノドン1号」の開発・配備状況――などについて質問したが、いずれも明確な返答を得られなかった。

右の例では明確な回答がなかった。情報提供がある場合でも、ＣＩＡから公安庁にもたらされる情報は、概して、概括的かつ表面的な傾向があるようである。

## 情報リークには意図がある

もともと情報リークは何の意図もなしに行われるものでもない。先の『宝石』の記事で、菅沼氏は、次のようにも記している。

「金丸信副総理が北朝鮮を訪問して、自民党、社会党、朝鮮労働党の間で合意文書が交わされたときも、突然、核疑惑ということが持ち出され、日朝国交正常化交渉は中断しました。このときは、米国から一枚の衛星写真が日本に送られてきたのですが、その写真には、北朝鮮の核疑惑を裏付けるような原子炉施設が写っていたのです。

ところが、この原子炉は六〇年代から開発されていたもので、米国はその存在をずっと前から知っていたのです。それがどうしてこの時期に写真が送られてきたのでしょうか。要するに、政治的思惑が働いているのです」

手放しにＣＩＡとの情報交換を誇れるものでもないことが分かる。

## 北朝鮮情報・分析のレベル

なお、説明の都合、北朝鮮を主なテーマに取り上げたので、補足しておきたい。公安庁の北朝鮮情報・分析のレベルについてである。公安庁自身による宣伝も功を奏してか、「北朝鮮情報は公安庁」という評価が定着している。

しかし、たとえば、先に取り上げた『ウォール・ストリート・ジャーナル』紙の記事はどうか。実はこの記事は、パチンコ業者による北朝鮮への送金問題をめぐる事情を解説したものである。「プリペイド・カードの導入は、送金ルートの解明・阻止を狙った日本政府の計画によるものだったが、阪神大震災によってこれが失敗に終わった」という菅沼氏の説を紹介している。理由は、「震災の際、ＰＣ機が盗難され、変造カードが出回ったため」であるが、さらに、政府当局者の見解として、「根拠はないが、背後で北朝鮮が動いている疑惑がある」旨報じている。文中、「この結果、北の逆襲を招くことになった」との菅沼発言があるので、要するに菅沼氏の見解でもあることは間違いなかろう。

菅沼氏は元公安調査庁二部長で、北朝鮮情報・分析についても総括する立場にあった。にしては、パチンコ収益送金→PC機普及で対抗→送金減少→震災→PC機盗難→変造カード流通→実は北の謀略、という〝分析〟は、いささか劇画的過ぎるのではなかろうか……? 〝面白い〟記事なので、夕刊紙(『夕刊フジ』)が後追い報道しているほどである。

かつて、北朝鮮問題が未だメジャーでない時期には、公安庁情報にも独自性があったかもしれないが、現在では、マスコミからもたらされる情報量も圧倒的だ。公安庁が評価されているのは、北に関する生情報というよりは分析である。しかも、むしろ地道な文献研究に近いものなのである。

## 地方組織レベルでも接触

以上は本庁調査二部二課を窓口とした、公式の情報交換である。しかし、CIAは公安庁本庁だけではなく、直接、地方の現場組織にまで触手を伸ばしている。

たとえば、九五年のオウム事件の際には、当時私の所属していた近畿公安調査局にも、CIAからの接触があった。CIA連絡員が近畿局を訪れたのは、たしかAPEC大阪会議が未だ開催されていない頃だったと思う。

近畿局の庁舎は、大阪天満橋にある法務合同庁舎の六、七階である。合同庁舎とはいっても、霞が関の合同庁舎のように現代的な建築物ではない。重厚な外見だが、かなりの年代を感じさせる。清掃と油ひきを繰り返してもとれない汚れが、澱のようにこびりついて、床面は輝きを失っている。治安・情報機関であるから、警備が厳重かといえば、そうでもない。防犯カメラすらない。合同庁舎なので、ワン・フロアを入国管理局と分け合っている。入管局には、終日、得体の知れない外国人が出入りしている。フロアの半ばには、申し訳程度の小さな柵が設けられて、「ここから先は近畿公安調査局なので、無断立入りを禁ず」などと書かれているが、通り抜け可能だ。そういう、およそ治安・情報機関のオフィスとは思われない庁舎に、CIAの連絡員が訪れるというのは、入庁間もない私にとって、何か奇妙な印象だった。

経験の浅い私が、CIA職員来訪の事実を知ったのは、協議会の通訳を頼まれたからだった。近畿局で満足に英語を使える職員は皆無だった。大学教育を受けているのだから英語くらい話せるだろう、という期待からなのだろうが、結局、その時は通訳を辞退した。通訳などとてもこなせるレベルではなかったからである。

結局、協議会は、CIA連絡員が随伴した通訳を通して行われた。つまり、主導権は先方にとられていた。近畿局は、関東局に次いで規模の大きい地方局であり、約一〇〇名の人員を抱えている。その一〇〇名の中に、満足に英語ができる職員が皆無であるということは、さすがに淋しい現実だった。もちろん私も含めてだが、公安庁の人材の層が、いかに薄いか雄弁に物語っているように思う。

さて、肝心の協議会の内容だが、オウムの現況、北朝鮮情勢が中心テーマだったようだ。

私は当時、近畿局一部二課（本来は過激派担当）のオウム調査事務局に所属していた。その事務局に、協議会終了後、情報の照会があった。ＣＩＡが、大阪ＶＸガス事件の検死結果関連データを欲しがっているという。とりわけ、被害者の血液サンプルのようなものが残っていないか、関心があったらしい。

オウム班では、被害者の男性が運び込まれた大学医学部にも調査に訪れていた。担当医師に面接したときの記録も報告書になって残っていた。ただ、残念ながら、検死結果報告等、詳細なデータはすでに大阪府警に回収されており、もはや入手不可能だった。だから、報告書の内容は、「瞳孔収縮が見られる」などという、外見上のごく表面的な所見を聴取しただけの内容だった。報告書はＣＩＡに提出された。ＣＩＡの期待に応えられるような内容ではなかったのだろうが、一応、照会には応答したのである。

結果的にはさしたる情報提供ではなかったかもしれないが、幾つか注目すべき点を指摘できる。まず、冒頭述べたように、ＣＩＡが、公安庁本庁を通さず、直接地方局に接触しているということである。在京のＣＩＡ事務所が、公安庁本庁調査第二部第二課を通して、公式に情報交換しているのではない。在阪の連絡員が、近畿公安調査局という一地方局に接触しているのである。

窓口が一つに絞られていない、ということは、公安庁では情報のコントロールがされていないことを意味している。五月雨式に情報のリークが行われる。ＣＩＡにとっては、複数ルートからの情報収集が可能なので、好都合なことこの上ないだろう。しかし、公安庁を日本政府の一機関として捉えた場合、かくも無自覚・無定見な情報提供が許されるのか、疑問に思わざるを得ない。近畿局での協議結果が、本庁に詳報されているか否かも定かではない。本庁の地方支分部局に対するコントロールは意外なほど低い。とりわけ関東局や近畿局といった規模の大きい地方組織は、よく言えば独立性が高く、悪く言えば本庁の思惑から離れて、勝手に活動している。ＶＸガス事件関連データなどというものは、極めて機微に触れる情報だと思うが、そういう情報提供が、一地方局に過ぎない近畿局によってほぼ独断的に行われている。極めて異常な状態だと言うほかない。

どうして近畿局なのか、という疑問も湧くが、おそらく当時の近畿局にＣＩＡと個人的にルートを確立している職員がいたのであろう。ＣＩＡは、そういう意味で、相当程度公安庁内部の情報を把握している。たとえば、本庁の連絡員が、ＣＩＡから「来週は、局・事務所長会議ですね」などと、さりげなく言われて驚いたことがままあるという。

二点目は、警察ではなく公安調査庁に照会があったということである。おそらくＣＩＡは、別途、警察庁、大阪府警等にも照会を行ったのだろう。憶測の域を出ないが、公安警察当局は、保秘を理由に、ＣＩＡにすら情報提供を行わなかったのではなかろうか。だからこそ、公安庁にも照会が回ってきたのだろう。ＣＩＡとて、公安庁に捜査権がないことは熟知しており、それほど期待もしていなかったのだと思うが、一応照会を試みたという趣旨だったのかもしれない。

公安警察と公安調査庁という二つの〝治安・情報機関〟の性格の違いが、改めて浮き彫りにされているように思う。公安警察は、徹底した秘密主義である。たとえ相手がＣＩＡであっても、不必要なデータは渡さない。ＣＩＡとの協力関係は維持しつつも、そこにはやはり越えることのない一線を設けているという印象がある。一方、公安庁は、ＣＩＡに協力的であるとも言えるし、裏を返せば保秘の感覚が薄いとも言える。本事例はともかくとしても、大仰に言うと、公安庁が果たして日本の国益というものを考えて活動しているのかどうか疑いがある。求められれば誰にでも情報提供する。ＣＩＡから見れば利用しがいのある機関なのである。

そもそもＣＩＡがなぜＶＸガス事件のデータに関心があったのか、ということも問題である。ＣＩＡも生物化学兵器の研究について相当な蓄積があるのだろうが、やはり現実に対人テロの手段としてＶＸガスが使用されたケースは把握していなかったのではなかろうか。ＣＩＡがＶＸガスを対人使用するためかどうかはさておいて、それが使用された場合の殺傷力に関するデータは、喉から手が出るほど入手したかったに違いない。いわば格好の人体実験のデータだからである。

## 時にはＣＩＡからも評価

公安調査庁の治安・情報機関としての実力は、極めて低いレベルにとどまっている、というのが私の終始一貫した見解である。しかし、中には優秀な職員が存在することも事実である。ある地方事務所に所属していた公安調査官Ｘ氏もその一人である。

日本に寄航していた北朝鮮船舶を海上保安庁が立入検査した時のことである。公安庁は、本庁・地方組織を問わず、海上保安庁と、多かれ少なかれ協力関係にある。X調査官は、管区の海上保安庁に協力を要請して、〝海上保安官に成り済まして〟、北の船舶に乗り込んだのだという。おそらく、海上保安庁本庁もこうした取り計らいについては関知していないことと思うが、こういう大胆なことができるのは、やはり、X調査官が普段から、個人ベースで、海上保安庁の担当官と緊密な関係を結んでいたからだろう。

ところで、X調査官は極めてユニークな情報収集を行った。トイレに立った際、手洗いの水を小瓶に入れて、ひそかに持ち帰ったのだという。

なぜか。

船の貯水タンクにある水は、北朝鮮本国で給水されたものである。つまり、X調査官は、北朝鮮の水質サンプルの入手を試みたのである。もちろん、公安庁には独力でそれを化学的に分析する力量はないので、X調査官は、サンプルを某国立大学の研究所に持ち込んだ。解析結果は、報告書として本庁に電送された。報告は、日時を置かず、公安庁本庁からCIAに情報提供され、極めて高い評価を受けたという。なぜなら、そのサンプルの汚染度合い、重金属の含有量などを把握することで、北朝鮮の工業レベル、化学物質などの開発状況を把握することができるからである。

北朝鮮の国内情報については客観的なデータが少ない。日米ともに国交はないし、渡航しても行動は極めて制限されている。入手できるデータが少ないので、北朝鮮情報の分析は、どうしても北が公表している資料の分析が中心になる。文献研究（テクスト・クリーク）は、一般に想像される以上に重要かつ不可欠な作業なのだが、公然資料の分析を補強ないし補完する意味でも、北の国内情報に関わる生のデータは極めて有用だった。

水質分析などと言うと、何か当たり前のような印象もあるが、この評価が極めて高かったということは、ＣＩＡの方でも意外にも関連データを把握していなかったからかもしれない。

X調査官の手法は、公安庁の中でも特異な事例に属する。通常、公安庁においては、北朝鮮の本国情勢の把握は、訪朝者への面接・聴取や、朝鮮総聯内部への浸透工作によって、行われているからである。こうした情報収集手段を、専門用語で、人的情報収集（ヒューミント、"Human Intelligence"に由来する）という。もちろん、ヒューミントは重要なのだが、X調査官は、従来の手法に捕らわれることなく、鋭い着眼点で、情報（intelligence）を収集したのである。

# 第四章　外国情報機関

## 国外情報の収集

公安調査庁は本来、破防法に基づく団体規制機関なので、どうしても国内業務のほうがクローズアップされる傾向にある。日本共産党、過激派、右翼、朝鮮総聯、近年ではオウムがその主な調査対象である、というのが一般的な印象であろう。平成一一年一二月には、通称オウム新法こと、「無差別大量殺人行為を行った団体の規制に関する法律」が新たに所管法令に加わり、規制機関としての印象を一層強めたと言えるかもしれない。

しかし、実は、公安庁は、団体規制機関としてだけでなく、海外情報を扱う情報機関としての顔も持っている。調査第二部の業務が、これに該当している。

第二部各課の業務を概観すると、まず第一課が二部全体の企画・調整、よど号・日本赤軍、国際テロを、第二課が外国機関連絡を担当し、以下、公安調査管理官が統括する第三部門が朝鮮半島、朝鮮総聯、第四部門が中国・東南アジア、第五部門がロシア・東欧、その他の地域を扱っている。

従来、調査第二部は、第一部の付随的地位しか認められていなかった。周辺共産国からの国内左翼勢力への働きかけという観点を中心に、いわば国内の破壊的団体を調査する上でのバックグラウンドとして、国外情報を扱っていたのである。

もちろん、冷戦崩壊以前からも、公安庁は、必ずしも規制にとらわれない国外情報を収集する、〝情報機関〟としての役割をも期待されていた要素がある。日本には海外情報を積極的に収集する、本格的な対外情報機関が存在しなかったからである。冷戦崩壊後は、不安定要因を抱える東アジア情勢や国際テロの脅威を受けてか、国外情報に対する需要がますます高まっている。九〇年代、公安庁は、現実のニーズに応えるべく、海外展開を図ることに組織存続の活路を見出そうとしていた。これには、国内左翼勢力の退潮による新たな業務の開拓の必要性、という消極的な理由も作用している。

情報収集対象地域を見ると、朝鮮、中国、ロシアと、旧共産主義国ないし括弧付きの共産国家が目立つが、公安庁が現在も調査の柱に据えている理由は、イデオロギー的観点からというよりは、三国が日本周辺にあって直接の影響力を持つ国々だからであろう。つまり、調査第二部の主たる関心は、これら三国の本国情勢、とりわけ政治情勢にあるのである。

## その手段と実態

ただし、国外情報の収集と言っても、ＣＩＡのように全世界的に公安調査官が派遣されているわけではない。海外派遣者は現在のところ一〇名余りで、そのほとんどは外務省職員として、在外公館で勤務している。

外務省からは情報要員として派遣されていないので、活動はかなり限定されている。現地で協力者工作などのスパイ活動をしているわけでもない。

したがって、国外情報収集の主な手段は、国内の公安調査官の調査活動に依ることになる。どういうことかと言うと、ジャーナリスト、商社員、留学生、学者・地域研究者、その他渡航者等々、海外事情に精通している人物に調査官が接触して、情報収集を図るのである。当然、国内ですべての国外情報を把握できるはずはないから、多くの部分を、外国の新聞・雑誌など公然情報に頼ることになる。公然情報分析の重要性は極めて高いが、対象地域やトピックによっては、公然情報のみしか入手できないことも多い。朝鮮・中国はともかく、日本からの距離に反比例して、収集される情報の質と量は低くなる傾向にある、と言えるかもしれない。たとえば、公安庁では『国際テロリズム要覧』を対外的に公表しているが、この内容は九九パーセントＡＰ、ＡＦＰ等の配信記事、国外の雑誌・新聞記事を基に作成されている。要覧の類は、それでも支障はないのだろうが、少し踏み込んだ内容になると手も足も出ない。近年で言えば、平成八年末に発生したペルー日本大使公邸占拠事件が最も顕著な例であろう。公安庁は、事件の展開などについて、ほとんど独自情報を収集することができなかった。

瞠目すべき生情報、特に海外における生情報を収集する能力に欠けているせいか、公安庁では、しばしば、分析と工作（情報収集）どちらが重要か、という問題が提起される。答えは、分析のほうがより重要という結論になるのだが、私見では、問題の立て方自体がおかしい。つまり、情報活動にとっては、どちらも欠くことのできない作業なのだ。

限られた国外情報の中にあって、外国機関からもたらされる情報の意義は大きいのである。

## 二課の業務は情報機関連絡

在京の各国情報機関員との連絡（リエゾン）を行うのは二部二課の業務である。韓国の国家情報院（旧・国家安全企画部）については、沿革から、朝鮮を担当する二部第三部門が行っているが、その他の情報機関連絡は二課の業務である。定期的に、霞が関の本庁八階あるいはその他の場所で、公安庁と外国機関との情報交換会議が開かれている。第三章半ばで触れた、「協議会」である。

外国機関にとっては、中国情勢、北朝鮮情勢などについて公安庁から情報提供を受けられるというメリットは大きい。ＣＩＡのように、全世界的に独自の情報網を張り巡らすことのできる規模と予算をもった情報機関は、むしろ例外的である。諸外国の多くの情報機関は、手の届かない地域の情報については、現地機関と情報交換することを通じて、情報を入手する。たとえ公安庁が収集する情報や分析が深みに欠けているとしても、東アジア事情に必ずしも通じているわけではない西欧の機関にとっては頼りがいがある。一方、公安庁にしても、事情は同じで、ヨーロッパ地域の情報、国際テロの動向などについてフォローできるメリットがある。

同じ対象であっても、各機関の持つ特性から、収集される情報の性質も異なってくる。情報交換の意義はここにも見出せる。たとえば、北朝鮮を例にとれば、韓国国家情報院は北の亡命者からの情報には事欠かないが、偵察衛星からの情報はアメリカに依存せざるを得ないだろう。日本は朝鮮総聯からやはり独特の人的情報を収集している。韓国のように当事者でない分、情報分析にも客観性が期待できると諸外国の機関から評価されているようだ。意外なところでは、インド情報機関からもたらされる北朝鮮情報のレベルが高いという。隣国パキスタンとの軍事協力をウォッチする必要から、その動向を注視せざるを得ないのだろう。

現在、公安庁と交流のある情報機関は、全世界で三〇余りの機関に及んでいる。

しかし、公安庁に限るとせっかく提供された外国機関情報も、必ずしも有効に活用されているとは言えない。原因は、情報連絡を行うと二課と、情報分析を行う各課部門との連携が、円滑でないためである。たとえば、インドネシア情勢について、東南アジア各国の情報機関から二課に情報提供があっても、本来中国・東南アジア地域を担当する二部四部門の分析班に伝わらない。二課で東南アジア諸機関と情報連絡する職員は、東南アジア地域の分析官ではないので、結局得られた情報も消化不良になりがちである。連携がうまくいかないので、同じトピックについて、二課と分析担当部門で、別々に資料を作成することもままある。これを両方、対外配付してしまう。当然、外国機関と公安庁がいつも同じ分析をするわけではないから、テーマが同じなのに、分析内容の異なる二種類のレポートが公安庁から出されることになる。いったいどっちの内容が本当なのか、と問い合わせを受けることも多かった。

どうしてこういうことが起こるかと言うと、一つには、外国機関からもたらされた情報が、公安庁の〝分析官〟にとって扱いづらいからであろう。視点や発想も異なるので、自分たちの分析の文脈にそぐわない。異質な分析に遭遇して、自己の分析を再点検し、両者を一段高次のレベルに統合するのが、まさに分析本来の営為なのだろうが、そういう本質的かつ面倒な作業はなおざりにされてしまう。下手に分析を加えるよりは、外国機関情報そのものを生情報として対外アピールしたほうが、インパクトがあるという見解の職員もいる。外国機関情報は、いわば〝別枠の情報〟になっていて、分析を加えられない。二課も、他課部門に情報を秘匿する傾向がある。こういう事情があいまって、外国機関情報は思いのほか死蔵されがちなのである。

## 身近なレベルでも情報照会

本来、団体規制機関であるはずの公安調査庁は、一般に想像されている以上に外国情報機関との関係が深い。東アジア情勢といった大きなテーマだけでなく、日常のミクロな事柄にも関係は及んでいる。

たとえば、平成七年、フランス核実験の際のことである。革共同革マル派が、在大阪フランス領事館前で核実験反対の抗議デモを行ったことがあった。地域を管轄する公安調査局・事務所は、過激派各派のデモや集会が行われるたびに、現場に赴いて開催状況を調査する。過激派勢力の現勢や構成員を把握するためである。

しかし、そのとき、近畿局は、革マル派のフランス領事館抗議行動を察知できなかった。当時、革マル派拠点の解放社関西支社（大阪市東淀川区）周辺には、近畿局が設定した監視アジトも存在しなかった。同派の現象面の活動を把握する術を持っていなかったのである。拠点校の××経済大学には、協力者が存在した。ただし、組織内協力者ではなく、同派学生組織の活動を知り得る立場にいるサークル所属の学生だった。その学生からも、デモについての情報提供はなかった。

抗議デモの情報は、意外にもフランス領事館自体からもたらされた。伝達経路は複雑だった。つまり、大阪のフランス領事館から直接、近畿公安調査局に提報があったのではない。領事館から（おそらく、さらに東京の大使館を通して）、公安庁本庁の調査二部二課に情報照会があったのだ。フランス大使館から、警察ではなく、二課に照会があったということは、これが情報筋のものであることを示唆している。近畿局革マル班は、何をやっているのかと、本庁から叱責を受けた。

この話にはまだ顛末がある。慌てて革マル班がフランス領事館前に駆けつけると、すでにデモ隊の姿はなかった。手ぶらで帰るわけにもいかないので、革マル派が領事館宛てに届けた抗議文やビラを何とか手に入れなければならない。調査官が、領事館の職員に接触しようとすると、「それには及ばない」と門前払いを受けた。フランス領事館にしてみれば、せっかく連絡してやったと思えば、後になってのこのこ調査に来られたのでは迷惑この上ない、という気持ちだったのだろう。そもそも最初から、対応の遅れに呆れていたのだろう。本庁に連絡したのも、現地の治安当局に対する一種の抗議だったのかもしれない。

外国情報機関との関係を垣間見ると同時に、それに見合わない日常業務の実態との落差を痛感させられて、後味の悪い思いをしたものである。

## モサドからも協力要請

外国機関からの情報照会は多岐にわたっている。たとえばイスラエルのモサド。小説や映画でもたびたび登場する諜報機関である。公安庁はモサドとも友好関係にある。

そのモサドから、公安庁が把握する朝鮮総聯内の工作対象者を紹介してもらいたいという要請があった。モサドが積極的な対北朝鮮工作を行おうとしていたこと自体興味深い。実現していれば、いわゆるジョイント・オペレーションになったかもしれない。しかし、公安庁は、結局申し入れを断ることになった。当時の総務部工作推進室の中村壽宏参事官によれば、工作対象者を開示することなど、〝情報機関〟としての沽券にかかわる、という理由である。公安庁のベテラン職員は、能力とは裏腹にプライドだけは概して高いのである。

これに限らず、外国情報機関からの協力要請は意外にも多い。案外、単純な理由からのようだ。つまり、白人がアジア諸国で活動するのは、やはり人目を惹くというのである（逆に言えば、日本人が諸外国で活動するのにも同様の問題が生じることになる）。

モサドからは、工作（オペレーション）での協力要請だけでなく、日常的な情報の照会も多い。たとえば、日本海沿岸でしばしば発見された気球状の物体が、実は北朝鮮から飛来したものではないか、という新聞報道が数年前にあった。しばらくして、モサドから二部二課に連絡があり、その記事だけでも構わないから、ただちに電送してもらいたいという。近隣の敵対国、たとえばイラクなどが、同じような風船を利用してサリン散布などの化学テロを試みないとも限らない、詳しく構造を研究したい、というような理由だったという。

商社や企業についての照会もある。たとえば、イスラエル周辺国に供給されている兵器の製造部品を辿っていくと、日本のある企業に辿り着いたとする。そういう場合、当該企業の沿革、背後関係などについて照会があるのである。二部二課が窓口となり、他部課の協力も得つつ、地方局・事務所に調査指示を出す。地方の現場では、法人登記簿を閲覧したり、住民票を入手したり、既存の個人ファイルなどに該当がないかどうか、一通り調べる。もし何も引っかからなければ、「特異動向なし」などとして本庁に報告することになる。

ただ、実際のところ、地方局へのこうした情報照会については、文字どおり、通り一遍の調査しかされないのが通例である。公安庁の個人ファイルにせよ、報告書ファイルにせよ、情報の蓄積と内容の程度は限られているから、本当は何か背後で大きな動きがあったとしても、既存のデータに何らかの形でひっかからない限り、端緒情報は無視されてしまう。モサドがどの程度、公安庁の調査力の実態を把握しているのか不明だが、やはり足場の悪い地域では協力を頼らねばならないということなのだろうか。

## SISの任務は秘密情報収集

私は平成一〇年当時、二部一課に所属していた。本当ならば、一課の職員が、二課が行う協議会に参加することはない。が、一応英語ができるということで、オブザーバー参加を許されたことが二度あった。

一度目は、イギリスの対外情報機関SIS（Secret Intelligence Service＝MI6）との協議会だった。とはいっても、ブリーフィングの内容は、北朝鮮・中国情勢といった個別テーマについての情報交換ではなくて、英国情報機構やSISの概要についてだった。SISからは、二名の職員がブリーフィングに訪れていた。一名は三等書記官の外交官身分を持っていた。

ブリーフィングの際、SIS機関員は「我々の任務は秘密情報の収集である」旨断言した。これは私にとって新鮮な驚きだった。「CIAでも情報の八割ないし九割は公然情報」などと、しばしば公然情報収集・分析の重要性が強調されるのと対照的である。もちろん、おそらくCIAでも事情は同じで、言葉の裏側には、「残りの非公然情報が決定的でありかつ不可欠なのだ」とということが含意されているのだろう。しかし、独り公安庁だけでなく、どうも本邦においては、この言葉が引用されるたびに、「公然情報だけでも事足りる」というように曲解されている節がある。だから「我々（先方は、当然公安庁も含めて、という意識で使っている）の任務は秘密情報の収集」という発言は、当たり前の内容であると同時に衝撃だった。私ばかりでなく、他の公安庁側参加者の多くも同じ感想だったようだ。

もちろん、情報機構の仕組みが異なるので、単純に比較できないことも確かだ。というのも、英国では、内閣府に各省庁から情報関係職員が出向し、ＪＩＣ（合同情報会議）を形成している。それら職員が各省庁から上げられてきた情報を分析し、具体的な調査課題を設定する。ＳＩＳはその中でも、非公然情報に特化して、情報収集を行い、内閣に報告を行っている。つまり、公安庁本庁調査部で行っている分析や調査課題の設定といった機能までもが、内閣に吸収されていることになる。ＳＩＳは、あくまでも非公然情報の収集に特化した特務機関として位置付けられている。

一方、日本の場合でも、かつて官房副長官主催のもと非公式に開催されていた内閣合同情報会議において、内閣情報調査室、警察庁、外務省、防衛庁それに公安庁が、持ち寄った情報について協議を行っていた。しかし、協議の材料となる情報は、すでに各機関がある程度加工を加えたものであって、合同情報会議自体が、積極的に情報分析をしたり、調査課題を設定したりすることはなかった。平成一〇年一〇月、合同情報会議は、内閣情報会議に発展的に解消し、構成各機関に対するコントロールの度合いは強まったのだが、それでも英国モデルとの隔たりは大きい。国に応じて情報機構の仕組みが異なるのは事実だが、ＳＩＳ機関員の発言は、情報機関の本来的な機能を再確認させる内容だった点で、やはり注目すべきだと思った。

## カナダ安全情報局

同じく平成一〇年の秋、カナダ安全情報局（ＣＳＩＳ＝“Canadian Security Intelligence Service”）の在京連絡員と面談したことがある。場所は、公安庁六階の面接室である。カナダ国内には、中国系移民が多く、公安庁から提供される中国情報を重宝しているとのことであった。

印象に強く残っているのは、「ＰＳＩＡには“Surveillance Capability”があるのか」という質問である。質問の背景は、ＣＳＩＳが、予算・人員上の問題から、近年、同局の監視作業班を廃止せざるを得なくなったことを受けている。

公安庁側は、一応「イエス」と回答したのだが、正確にはこれは誤りであろう。ＣＳＩＳ職員が言う、「監視能力」とは、話の流れから言って、対象者の行動を二四時間完全把握する能力のことを指していた。まさに前章でも触れた、ＦＢＩの監視活動のような作業を意味している。公安庁に、その種の行動確認能力は、決定的に欠如している。

もちろん、公安庁とて尾行や監視は日常的に行っている。が、あくまで協力者獲得工作のための〝基礎調査〟として位置付けられている。つまり、目的は、獲得工作対象者への接触や説得なのであって、そのための準備として、必要かつ限定された範囲で尾行や監視を行っているのである。

尾行や監視といった現象面の情報自体から、有益な情報を読み取ろうという姿勢は、公安庁において皆無とは言わないまでも極めて乏しい。

まず、尾行や監視を徹底的に行うだけの人員が決定的に不足している。一人だけで作業を行うわけにもいかない。勤務交替も必要である。各道府県にある公安調査事務所は、小規模だと、一〇人程度である。一〇人で全県を網羅する建前となっている。業務対象は、日共、過激派、右翼、総聯、外事のすべてに及ぶ。だから、一人の対象者を二四時間追いかけるだけで、業務を完全に圧迫してしまうことになる。

公安庁は現在、総勢一、七〇〇名程度の組織である。全庁的に見て、極めて重要な対象の行動確認に人員を集中投入するという体勢にもなっていない。警視庁公安部は対象によっては数百人規模で行動確認を行うとも言われているが、それだけを見ても、公安庁の行動確認能力が極めて低い水準にあるということが分かるだろう。地方事務所も、過半は、今後、廃止されることになっている。新たな団体規制法の成立によって、当面、事実上オウムに対象を絞って、公安調査官に強制調査権が付与されることにはなった。しかし、全体としては、ますます調査力が衰微する傾向にあるのである。

## やはり海外展開能力のないことを露呈

実は、CSIS連絡員との面談は、公安庁内の業務検討委員会の作業を受けてのものだった。業務検討委とは、前項で触れたように、平成一二年以降、地方組織が大幅整理されること、すなわち情報収集を行う手足が縮減することに対応して、全庁的に新たな業務展開を模索する作業である。調査第二部の関係では、どうやって職員を海外派遣するか、とりわけ外交官以外の身分でいかに安全に職員を派遣するか、が大きな課題であった。

その点について、CSIS連絡員から参考となる話を聞こうという趣旨だったのである(!?)。

公安庁側担当官が切り出す。

「ところで、PSIAは今後積極的に海外展開を図ろうとしている。しかし、外交官の身分では活動が制限される。外交官以外の派遣法を具体的に検討しているのだが、何かと危険も伴う。そこで、たとえばの話であるが、PSIAの職員が、外国、たとえばカナダに常駐して、現地課報機関に身分を明示して諒解を得た上、公然情報の収集を中心に行うなど、現地機関の活動を阻害しない程度で情報活動を行う、というような方法は可能だろうか」

連絡員は一言、「聞いたことがない」と提案を一蹴していた。

よく考えてみれば、当然の話ではある。いくら、日米関係が良好で、仮にCIAが公然情報の収集しか行わないと宣言していたとしても、日本国内をCIA機関員が誰憚ることなく公然と活動できるなどという事態は、いくら日本政府であっても歓迎はしないだろう。主権という概念をほとんど無視している。

二部業務検討委のもう一つの大きなテーマは通信の保全方策であった。第一章でも述べたように、公安庁には暗号技術に関するノウハウがほとんど皆無である。仮に海外に情報要員を配置することに成功したとしても、得られた情報を安全に本国に送ることができなければ、安心して情報活動を展開できない。諸外国の防諜機関は、例外なく、疑わしい対象者の盗聴等を行っているからである。

やはり、CSIS連絡員から、この点について聴取することになった。当然のことながら、通信はすべて暗号化されている、とのことであった。米国社製の暗号通信機器を採用しているという。

しかし、本当のところを言うと、こういう質問をすること自体、「日本の情報機関の一つ、PSIAには通信の保全能力がない」ことを外国機関に知らしめているわけであるから、かなり勇気のいることではある。

以上は、いずれも平成一〇年後半のエピソードであるが、いかに公安庁が海外展開する態勢にないか、如実に物語っているように思う。

何度も繰り返しになって恐縮だが、著者の経験に照らす限り、公安庁を〝情報機関〟と呼ぶにはどうしても抵抗があるのである。文脈は異なるが、木藤繁夫現公安庁長官は、平成一一年九月二九日号の『週刊文春』誌上で、インタビューに答えて、「公安庁は情報機関である」旨明言している。しかし、軽はずみにそんな大見得を切る前に、足元から業務の再点検をしたほうがよいのではないかと、老婆心ながら忠告しておきたい。

## 工作員研修

現在、公安庁が外国機関と、純粋に研修という形で交流しているのは、CIAと台湾情報機関に限られている。台湾機関については、研修生の、派遣ではなく受け入れを行っている。特進コースへのオブザーバー参加という形式をとっていたように思う。特進コースとは、ノン・キャリア採用の職員のうち、優秀な者について研修を施し、キャリア並みに処遇する、という公安庁独自の人事制度である。

情報機関研修類似の制度としては、ドイツ、イスラエルへの派遣がある。それぞれ、ミュンヘン大学付属外国人学校、テルアビブ大学のジャッフィ戦略研究所に職員が派遣されている。外交官の身分ではなく、〝留学生〟〝研究生〟として派遣しているので、大蔵省、総務庁、人事院等の査定庁からは認知されていない。

ミュンヘン派遣者は、週に一回程度の割合で、ドイツ連邦情報局（BND）と連絡している。ただし、BNDから研修を受けているわけではないので、CIA研修などとは性格が異なる。

イスラエルはどうか。派遣者は、同じく、定期的にモサドを始めとする現地情報機関と接触し、情報交換を行っている。公安庁側からは、北朝鮮、中国情勢を中心にブリーフィングをし、モサドからはイスラム過激派や日本赤軍の動向について情報提供を受けている。もっとも、モサドにしてみれば、日本赤軍などにはさして関心もないそうなのだが……。

そのモサドから、数年前現地に派遣されていた職員に対して非公式に打診があったという。モサドが、公安庁職員を招請し、工作員としての訓練を施してもよい、というのである。工作員研修ということは、本書が取り上げた情報分析研修などではなくて、いかにもスパイ然とした訓練を施すということである。

〝工作〟という言葉は、公安庁においては、〝協力者獲得工作〟のことを意味している。破壊的団体の構成員を中心に、条件に恵まれた対象者を選定し、基礎調査、接触、説得、獲得、運営することで、報償費と見かえりに、定期的に内部情報を入手するという、一連のサイクルをさしている。一方、モサドにしろCIAにしろ、〝工作〟という言葉は、より広い概念を意味していると言っていいだろう。〝工作〟というよりは、原語どおりオペレーション（作戦）と言ったほうが正確なのかもしれない。つまり、協力者獲得工作の域に留まらない、対象の完全監視、対象施設の破壊、情報工作、暗殺など、あらゆる種類の特務をも含んだ概念である。モサドが、イスラム過激派の幹部をVXガスで暗殺しようとしていたことが九七年明るみになった。これも工作員の任務である。情報機関というよりは、まさに特務機関、作戦機関と言ったほうが的確だが、そのモサドから公安庁職員に対して、工作員研修の申し出があったということは極めて興味深い。

公安庁があまりにもオペレーション能力を欠いているのを見かねて、今必要な訓練を施しておかなければ、将来モサドにとっても使いものにならないと判断したのだろうか。

上の公安庁派遣者に対しては、モサドから次のような例が持ち出されたという。「中東某国に対して、日本から軍事関連技術が提供されている。地震測定機という名目なのだが、実際は、ミサイル開発に流用されているようだ。日本のPSIAからも、国内某メーカーから技術が供与されている旨の報告がもたらされている。それは有り難いのだが、我々が求めているのは、さらに具体的な情報だ。たとえば、機材が、いつ、どの港から積み荷され、どこに向かうのか、という情報だ」。

輸出ルートの特定ということは、さらに進んで、〝ルートの破壊〟という目的があるからだろう。諸外国の情報機関は多かれ少なかれ、こうした〝荒事〟を行う能力を持っている。それは、おそらく当該国が、日本とは比較にならないほど厳しい国際環境に置かれているためであろう。

# 第五章　公安調査庁の限界

## 業務に反映されない研修成果

第一章の行動記録に目を通して、「研修とはいうものの、これでは観光とレストラン巡りと変わらないではないか」という感想を持たれた読者も多いと思う。

正直なところ、私にしてみても、観光地を連れまわされて疲れるよりは、講義を延長して、報告書作成の実例や技法などを懇切丁寧に教えてもらうほうが良かった。

例年、ＣＩＡのほうが〝気をきかして〟、遊興地などを案内して回っているようである。日本の〝お役所〟でも、出張地での接待などが行われているが、案外実態はどこの国でも同じなのかもしれない。

月刊誌『噂の真相』平成一一年五月号では、豊嶋秀直前公安調査庁長官のＣＩＡ表敬訪問の実態が暴露された。滞在期間の三分の一をハワイで逗留していた、という内容である。期間は、ちょうど日本中が北朝鮮のテポドン発射実験で大騒ぎになっていた一週間前である。長官が訪問していたにもかかわらず、ＣＩＡから事前にミサイル発射の情報提供はなかった。

以上のような事情を捉えて、ＣＩＡ研修は完全に遊びだ、と思っている公安庁中堅幹部職員も多い。確かに長官自らハワイに逗留しているぐらいだから無理もない話ではある。そう言いながら何ら改善を図ろうとせず、「遊び」に研修生を派遣するのを放置している、というのも不思議ではあるが……。

もちろん、研修参加者には〝遊び〟という意識は毛頭ない。むしろ、ＣＩＡという世界最大の情報機関を前に、日本政府の一員として恥をかかぬよう過度に緊張しているくらいなのである。

分析研修は開始からすでに七年を経過している。しかし、遊びとして位置付けられているせいからか、肝心の分析手法はまったく日々の業務に反映されていないのが実情である。

どうして、せっかくの研修が業務に活かされていないのだろうか。

第二章半ばでも少し触れたように、そもそも情報機関に求められている役割が日米では極端に異なっていることが挙げられよう。ＣＩＡと公安庁とでは組織の規模、機構も異なる。機械的に、方法論を適用できないのは無理もないのかもしれない。

しかし、それ以前の問題でもあるようである。

まず一つの理由として、ＣＩＡ研修というだけあって、何かその内容を口外するのが憚られるような雰囲気があることが挙げられる。もちろん、研修のすべて、機微に触れることまで庁内で流布させる必要はないのだが、はっきり言って、講義内容そのものは、すでに見たように、それほど特殊なものではない。政府・民間を問わず、何らかの形で情報分析に携わる者であれば、意識的・無意識的に活用している手段を体系的にまとめたものに過ぎないだろう。分析手法自体は公然情報であるといっても過言ではない。だからこそ、ＣＩＡ側も外国機関に対して教育を行っているのだとも言える。

研修内容は、これまで長い間、どういうわけか職員の間で共有されることがなかった。単に参加していない職員に情報が伝わらないばかりでなく、翌年の研修参加予定者にも内容が伝えられない。個人の関係で前年度の報告を見せてもらったりはするのだが、組織として翌年の参加者の教育を行っていないのである。だから、ＣＩＡのほうから見れば、毎年研修をやっているのに、少しも進歩がないように見える。公安庁のほうも、毎年同じことの繰り返しで、少しでも多くのことをＣＩＡから引き出そうという姿勢に欠けている。

ようやく最近二、三年になって、入庁五年目程度の若手調査官を対象とする第二部研修でも、分析研修講義の一端が紹介されるようになった。しかし、マトリックスなどについて表面的に触る程度の内容で、深みに欠けているようである。

こういう事態を招いたのは、ＣＩＡ研修全体を取り仕切っているのが、本庁調査部ではなく、総務部人事課であることにも原因があるのかもしれない。確かに人事課は、毎年、研修参加者に報告を提出させている。しかし、何と言っても人事課であるから、それを調査・分析に役立てようという姿勢はまったく欠けている。ＣＩＡ研修参加者に関するデータは秘匿を要するものだから、人事課のほうで把握しておきたい、という〝役人〟の論理が働く。一事が万事で、公安庁においては、驚くほど、総務部門の力が強い。公安庁の調査力が衰微する一方なのは、こうした組織的弱点によるものではないか、と私は考えている。

本来なら、外国機関と情報連絡を行い、CIA研修でも事務の多くを掌っている調査二部二課がもっと積極的に、研修全体を取り仕切るべきであろう。ところが、同課では、過去の研修報告を蓄積・把握していない。したがって、毎年の報告を消化して、研究を進めることもない。日々の分析業務への反映云々以前に、まず基礎資料が整理・保管されていないのである。

## CIA研修も例外ではない情報漏洩体質

研修内容が秘匿される傾向にある一方、CIA研修が行われていること自体は、公安庁内部では、おおやけになっている。毎年、研修の数カ月前には、その年の参加者を募るべく、全国の局・地方事務所に案内が配付されている。

庁内はともかくも、庁外にも情報が広まっていたようである。私が平成九年に、語学学校に研修派遣されていたときのことである。研修終盤に近づいて、民間企業からの研修参加者に言われた。

「野田さんも、この研修が終わるとCIAに行くんですか」

私が一瞬狼狽しながら、「まさか。そんなことはあり得ませんよ」と答えると、「公安庁の人は、語学研修後、ＣＩＡに行くと話していた、と私の前任者から聞いたんですが」と首を傾げる。適当にごまかして、何とかその場をきり抜けたが、当時は本当に情けない思いをした記憶がある。どうしてそんな情報が外部に漏れるのかと思った。

平成一一年の名簿流出事件等について、なぜ〝情報機関〟であるはずの公安庁から、こんなに秘密資料が外部流出するのか、と思われた向きも多いと思うが、以上のような事例でだいたいの事情を察していただけるだろう。私が見たところ、明らかに複数ルートから情報が漏洩している。公安庁の情報管理は極めて甘い。情報は流れるべくして、流れているのである。

情報漏洩事件は、何も平成一一年に始まったことではない。たとえば、平成九年七月二三日付『朝日新聞』「公安調査庁の〝大作戦〟、漏えい疑惑を機に通達」は、次のように報じている。

公安調査庁……（略）……が昨年一二月から今年一月にかけて、全国の公安調査官を対象に、国会議員や秘書との交友関係を調べていたことがわかった。昨年春、「公安庁の調査資料が野党に流出している」との疑惑が持ち上がったのをきっかけに、個々の調査官がどの議員とどの程度親しいか、把握するため実施したという。……（略）……公安庁幹部は、昨年春の通常国会で朝鮮民主主義人民共和国（北朝鮮）への米輸出問題を取り上げた新進党議員（当時）が「公安調査官から情報を得た」と発言したことが、今回の調査の契機になったと説明する。

この記事が面白いのは、〝漏えい疑惑を機に通達〟を出していること自体が、〝漏洩〟していること、である。短い記事を表面的に見るだけでも、「関係者」「地方在勤のある公安調査官」「別の調査官」「公安庁幹部」などと、複数ルートから情報漏れしていることが分かる。朝日新聞記者の一種のブラック・ユーモアなのであろうか。

ちなみに、公安庁は当時の新進党と良好な関係にあった。「公安問題研究会」という勉強会を定期的に開いていた様子である。さらに、実を言うと、記事で言及されている情報は、公安庁が独自に収集したものではない。海上保安庁から秘密に情報提供された内容を、公安庁の名で議員にリークしたのである。公安庁は、情報交換の仁義にも欠けているのである。

平成七年の破防法規制手続き準備作業では、検察庁から証拠の開示等の協力をなかなか得られなかった。そのため規制手続きは大幅に遅れた。どうして同じ法務省傘下の検察庁の協力を得られなかったのか。それは関係各機関も、公安庁の情報漏洩体質を承知しており、漏洩によって刑事手続きが阻害されることを恐れたためである。

## 公安庁〝分析〟の実態

情報分析研修の成果が、公安庁の分析業務に反映されていない、と述べた。

本質論を言うと、そもそも、公安庁本庁では、本当の意味での分析作業はほとんど行われていないのではないか、という疑問もある。次項で詳しく説明するが、地方から送られてきた報告書で面白いものをそのままベースにして、申し訳程度にほかの情報や担当官の見通しを付け足して、資料を作ることが常態となっているからである。

分析研修の大きなテーマは、情報分析にあたって、いかに予断を排して、複雑な情報を評価するか、ということであった。ところが、公安庁では、これとまったく逆のことが行われている。資料作成前に、担当官の頭の中にはほとんどの構図が出来ている。もちろん、いくら予断を排するとは言っても、分析官の専門的経験に基づく直感は必ずしも排斥されるべきではなかろう。私が指摘しているのはそういうレベルの話ではない。たとえばこんな具合だ。

〃分析官〃（本庁調査部の担当官）は、明日までに〃分析資料〃をとりまとめなくてはならない。毎週、水曜日、長官、次長、三部長、研修所長、関東局長といった幹部の会議で検討材料となる、〃水曜会資料〃である。水曜会資料《マル水》の担当はローテーションで回ってくる。マル水を何本書いたかで、本庁調査部の職員は業務を評価されるので、自然と熱が入る。実は、資料の筋書きはすでにあらかた出来ている。トピックも二週間前から決められている。が、自分の考えている結論に話を持っていくには、やや根拠情報が足りない。自分が思うような報告は現場から上がってこない。そこで旧知の関東局調査官に電話をかける。「マル水の関係で、こんな具合の情報が欲しいんだが……」。くだんの関東局調査官は、早速協力者に連絡をとる。協力者が「こんな具合の情報」を詳しく提報する場合もある。そうでない場合もある。報告書は一種の作文である。大した情報がなくても、「こんな具合の情報」に近い情報や、それを匂わせるような記述をするのが優秀な調査官の腕の見せどころだ。本庁〝分析官〟の要求に応えた調査官は、見事、賞詞を獲得することとなる。〝分析官〟も、目出度く自分の思ったとおりに資料を完成できる……。

全部が全部というわけではないが、実態を極端にデフォルメしているわけでもない。関東局の優良報告賞詞の数が圧倒的に多いのは、まさに上のような原因によるのだ、と指摘する内部職員も多い。分析と調査の間で相互にフィードバックが働いていると言えば聞こえはいいが、端的に言うと癒着であり、内実は空虚である。諸外国の多くの機関で、分析と工作（情報収集）が機能的に分離されているのは、両者の馴れ合いから生まれる分析レベルの低下を避けるためではないのか。

ＣＩＡの情報分析論を機械的に適用できないのは確かだが、それにしても、「我々には我々の流儀がある」「特に学ぶべきものなどない」などと言えるレベルにないことも事実なのである。

## 〝とりまとめ〟の弊害

本庁調査部各分野の分析担当者の数は限られているし、毎日全国から送られてくる大量の報告書ファックスに対応しなければならない。報告書すべてに目を通し、丹念に検討するのは実際、大変な作業である。担当官は、ローテーションで、水曜会に提出する分析資料を作成しなければならない。

結局そのほうが楽だからかもしれないが、本庁調査部では、地方から送られてきた面白い話を適当に加工して資料をまとめる傾向が強い。だから、地方からの報告書も、ある程度まとまった内容になっていることが歓迎される。さして資料を検討しなくても、そのままほかの二、三の報告書と繋ぎ合わせれば、簡単に一件の水曜会資料が作成できるからである。

公安庁においては〝分析〟という言葉が、〝とりまとめ〟、すなわち要約を中心とする文書作成と、ほぼ同義語になっている。今何が起こっているのか、何を求められているのか、そのためにはどんな情報を収集しなければならないのか、何を調査指示すべきなのか等々、分析にあたっては当たり前のはずの精神作用が、本庁調査部職員には驚くほど乏しい。

ジグソー・パズルにたとえて言うと、本庁調査部では、あらかじめ現場である程度パズルを組み立て、本庁に送ることを要求している。現場がパズルのピースをバラバラに送っても、本庁のほうではそれを組み立てる能力がない。

地方のほうでも、本庁のこういう実態を察してか、〝とりまとめ報告〟なるものをよく作成している。四半期なり、年度末なりに、その間の対象団体の動向を、とりまとめて本庁に報告するのである。本来なら、こうした作業は本庁の業務であるはずなのだが、本庁のほうでも作業の手間が省けるので、疑問もなく受け取っている。現場調査官が収集した生情報で断片的なものを掘り下げ、とりまとめて報告するのなら意義は大きいが、私が見聞した範囲でも、『赤旗』の論調をとりまとめて本庁に報告するなどという作業も行われていた。そういう仕事は、本来分析を担当している本庁調査部の仕事であるはずだ。公然資料に出ない生情報を収集するのが、現場の調査官の仕事であるはずなのに、現場も公然資料の半ば〝分析〟作業に追われている。地方で閲覧したインターネット情報を本庁に電送報告するなどというのも、その一例だろう。この間、現場組織でなければできない独自情報の収集はなおざりとなる。公安調査庁の調査力が貧弱なのは、こういう体質に原因があるのである。

## 分析と工作は未分離

CIAからよく疑問を呈されるのが、分析研修になぜ工作員が来るのか、ということである。公安庁の地方局で、日常、情報収集に当たっている職員が、分析研修に参加していることを指している。

CIAにおいては、情報収集と分析が、ほぼ完全に分離されている。前者は、協力者工作をはじめとする特務的性格の強い作業も含む業務である。これを行うのが工作員であり、作戦局である。後者の分析局では、工作部門が収集した生情報を分析し、最終レポートを作成する（ただし、作戦局でも一定の情報評価はされているようである）。だから、求められる職員の適性も異なる。

一方の公安調査庁はどうか。工作を行うのは、現場の地方局・事務所であり、全国の工作の管理を行うのは、本庁総務部の工作推進室である。収集された情報の分析やレポートの作成を行うのは、本庁調査部である。見かけ上は、工作と分析が分離している。

しかし、本庁調査部は分析業務のみを行っているわけではない。そもそも調査部の職員の半数は、現場の工作で実績を上げた職員が異動したものであるし、業務も分析あるいは報告書作成に特化していない。現場に対して調査課題を設定し、調査を指示するというオペレーショナルな業務も行っている。そういう意味で、公安庁においては、実は工作と分析が未分離なのである。前々項で述べたような癒着が生ずるのも、このためである。未分離なせいか、どちらの機能も中途半端なレベルに留まっている印象がある。

公安庁総務部工作推進室は、確かに工作管理を担当し、工作と分析の分離に成功しているかに見える。ところが本来〝工作＝オペレーション〟業務とは不可分のはずの、「調査課題の設定や指示」に関する権限は、調査部＝分析部にある。調査部の最大の関心は、水曜会資料を中心とする資料作成にあるので、「調査課題の設定や指示」といった、同様に重要なはずの機能が、第二次的な位置付けしか与えられない。つまり、本庁からのコントロールが弱い。工作業務は、工作推進室の評価の対象となるので、地方では、工作自体が自己目的化して、本庁調査部の情報関心から離れて調査・工作が行われることになる。

以上のような実態からか、本来は〝分析〟研修であるはずの研修に、現場の調査官が参加することに、公安庁側は何の疑念も抱かない。もちろん、現場調査官も地方で報告書を作成するし、よき情報収集者はよき分析者でもあるから、現場職員にとっても研修が無駄になることはない。ただし、CIAからはかなり違和感をもって受け止められているようである。

分析と工作が未分離なのと同様に、調査と工作も未分離である。

現場では、住民票の請求に始まって、居住確認のための聞き込み、職場訪問、集会調査、身分偽装しての接触など、あらゆる業務を担当官一人でやるのが通例である。協力者工作のためには、多かれ少なかれ身分偽装をせざるを得ず、集会や尾行で、顔を晒すことが望ましくない場合もあるのだが、やはり人員が限られているせいか、担当官が基本的に一人で行うのが実情である。一方、公安警察では、もちろん規模の違いに依るものだが、調査と作業（工作）を行う職員は分離されているという。

公安調査官は、新人などを除き、一人で活動することが原則となっている。ちょっとした聞き込みなどでも、警察が必ず二人で活動するのと大きく異なっている点である。「調査官は個人商店」と内部的に言われているだけあって、最近でこそ〝組織〟工作の重要性が強調されてきたものの、原則として担当官一人が一人の対象者を受け持つという基本的スタイルには変化がない。現場の職員でも、ある程度経験を積むと本庁に異動し、分析業務を担当することも多いので、極端にいえば、調査、工作、分析まで、一人で、ありとあらゆる業務をこなすことになる。もちろん、いろいろな業務を経験することに付随するメリットもあるのだが、オール・ラウンドとは名ばかりで、どれも中途半端になっている感は否めない。各分野の専門家育成の必要を誰しも感じつつも、処遇と昇進制度に縛られて、容易に改革できないのである。

## 機動力に欠ける公安庁

第四章ＣＳＩＳの項で少し触れたように、公安庁に行動確認能力が欠如しているのは、必ずしも人員上の理由からばかりでもない。公安庁においては、監視や尾行から得られる現象面の情報は、ヒトに直接会って聞いた話よりも質が劣るという認識が、伝統的に強い。もちろん、「会って話を聞く」ことで、監視や尾行では得られない情報を、時間と労力をかけずに得られることも多い。しかし、逆に言うと、「会って話を聞く」ことができない場合は、何も情報を得られないことになる。現実には、「会って話を聞く」ことのできない対象者のほうが、組織で枢要な地位を占めていたり、深奥に迫る情報を持っていることが多い。情報収集の難しい対象者の行動を徹底的に把握して、何らかの端緒情報を拾い出す能力が公安庁には欠けている。だから、表面的な情報は、一応一通り収集できるのだが、それ以上、情報の質も深まらないし、範囲も広がらないのである。

現象面の情報が重視されないもう一つの理由は、その性格上、その種の情報が断片情報にならざるを得ないことにもよっている。断片情報の中には重要な兆候を示唆するものも含まれているはずなのだが、断片情報を報告書で送ってもまったく評価されない。前項までに述べたように、本庁調査部の分析部門は、断片情報を評価する体制にない。なぜなら、そういう断片情報は、資料の作成に使いにくいからである。資料作りが本庁調査部の主たる業務になっているので、断片情報は屑籠行きである。断片情報はある程度まとまった話になって初めて評価の対象となるが、そのころには調査の取り組みに出遅れている。公安庁は、迅速かつ機動的な対応のできる組織ではないのである。

断片情報をフォローできない、ということは別の意味でも問題である。新たに生起しつつある公安問題に対応できないのである。新たな事象の端緒情報はどうしても断片的にならざるを得ない。未だ全体像が把握されていないからである。本庁調査部が断片情報をフォローできない、ということは、新たな公安問題の端緒情報を把握する能力に欠けていることをも意味している。新規の問題なので、「会って話を聞く」ことのできる対象者がまだ見つからない、という事情もマイナスに作用する。

以上の点を踏まえると、公安庁がどうして、地下鉄サリン事件が発生するまで、オウム真理教をノーマークだったのか、その理由が明らかとなるだろう。オウム真理教に関する〝断片情報〟は、地下鉄サリン事件以前でも、本庁に報告されていたにもかかわらず、ことごとく無視されてしまった。公安機関の役割は本来、新たな社会運動に鋭敏に反応し、危険な兆候があれば逸早く察知することにあるはずだ。その意味では、公安庁は、公安機関としての本来的機能に欠けていると言うべきだろう。

新規の団体規制法の制定は、オウム事件での失態を、公安庁が回復する契機にはなるかもしれない。しかし、その業務は、〝情報機関〟の業務というよりは、“Law Enforcement” すなわち捜査活動の性格に近い。端的に言うと、事件が起こる前の情報収集ではなく、起こった後の後始末である。新たな団体規制法に当面の活路を見出したことで、公安庁はやはり、当初脱皮を図っていた〝規制機関〟に先祖返りすることになった。その結果、皮肉にも、情報機関化の構想はますます遠のきそうな様相なのである。

## ヒューミントへの特化は極めて異例

ＣＩＡや、ＫＧＢの後身であるＳＶＲ、さらには中国の国家安全部などは、人員も数万人で格段に規模が大きい。これだけ巨大な情報機構を持っている国家はむしろ例外に属する。その他の国の機関は、人員について見る限り、公安調査庁とさほど変わらないものも多い。

公安調査庁の現在の人員は約一、七〇〇名（ただし、地方組織の統廃合により平成一五年までの間に、一二〇〇名ないし三〇〇名が削減される）である。ＣＩＡと比較すると、極端に少ないが、現在の定員で比較する限り、際立って小規模であるわけでもない。ドイツで公安庁に相当する憲法擁護庁（ＢｆＶ）にせよ、イギリスのＳＩＳ（ＭＩ６）にせよ、イスラエルのモサドにせよ、やはり二、〇〇〇人前後の規模の組織であると言われている。規模は、同程度であるかもしれないが、公安調査庁とは比較にならないほどに高い能力を持っている。

何が異なっているのだろうか。

逮捕権、捜査権がないことは、上のような機関も公安庁と同様である。決定的な違いの一つは、盗聴活動をする権限・能力があるか否かということらしい。しばしば協議会の席で、外国機関職員から「ＰＳＩＡはどうやって情報収集をしているのか。盗聴はやっているのか」と聞かれるという。公安庁側担当者は「ほぼ全面的にヒューミントに頼っている。基本的に盗聴はやっていない」と答える。相手側は、ほぼ間違いなく「それでよく仕事になるな」と驚くという。実情は、「仕事になっていない」のだが、現実問題、公安庁では原則として盗聴は行われていない。

もちろん、盗聴は、一般に思われているほど万能の情報収集手段ではない。第四章で触れたＳＩＳとの協議会でも、その旨の発言がＳＩＳ機関員からあった。特に対象者が盗聴されていることをあらかじめ想定している場合は、効果はかなり限定されるというのである。盗聴だけに限らず、スパイ衛星からの情報収集も同様で、いくら最新の技術が発達し、情報収集の手法が多様化しても、情報を生み出し解釈するのは他ならぬ人間であるから、ヒトがヒトから情報を収集するという有史以来の情報収集手段は、依然として情報活動の核であり続ける。わずかな表情の変化、目の動き、声の調子、しぐさ……微細なシグナルを総体的に判断しなければ、果たして、対象者は本当のことを話しているのかどうか、本当は何を考えているのか、これから何をしようとしているのか、判断できないというのである。公安庁ではなくＳＩＳの機関員の発言だけに重みがある。

そうはいうものの、公安庁のように純粋にヒューミントだけに特化している機関というのは世界的にも稀有なのではあるまいか。盗聴は万能ではないものの、やはり有効な手段である。盗聴そのものから決定的なインテリジェンスを得ることはさほど多くないとしても、次の情報活動の端緒を得ることはできよう。もっとも、公安庁が盗聴を行う是非、法的・道義的問題は別問題である。ここでは、公安庁が諸外国の情報機関のレベルにはない、という実情のみを指摘しておきたい。

# 終章　宴のあと

「わが国において出版されたインテリジェンス分野の著作、特に諸外国の情報機関に関するものは、過去に情報機関の関係者であった者が著した内容的に偏りがあるものや、ジャーナリストが興味本位から過度にセンセーショナルに書いた、〝キワモノ〟的なものも多い。」

平成六年四月外務省国際情報局作成の『インテリジェンス読本』の一節である。後半はともかく、前半は本書にも当てはまるのではないか、との批判があるかもしれない。

言うまでもなく、本書は学術書ではない。もちろん事実関係について正確を期していることは当然だが、特に公安庁の現状批判にわたる部分については、著者の見解と主張が展開されている。ある意味で「内容的に偏り」があることを最初から予定している。それが事実に反するかどうか、当を得ているか否かは、一般読者と他ならぬ公安庁職員自身に問いたいと考えている。

……結局のところ、読者は、CIA情報分析研修について、どういう感想を持たれただろうか。日本にもCIAと〝それなりに〟関係のある〝情報機関〟が存在することに驚いた方、あるいはCIA研修とは言うもののこれでは体のいい観光ツアーではないか、と幻滅した方、両極端あると思う。おそらくどちらの印象も正しいのだと思う。つまり、巷間よく言われるように、「日本には情報機関が存在しない」というのは正確ではない。独り公安庁だけでなく、警察庁、防衛庁、外務省、内閣情報調査室は当然のことながら、あらゆる省庁が広義の情報機関としての活動をしていると言ってもいいであろう。しかし、現在のところ、日本政府が本格的な情報活動、特に諸外国に比肩し得るような対外情報活動を行っているというには程遠いのも事実である。

こうした環境の下で、公安調査庁は、いわば一種のセミ・プロ集団を形成しているのだとも言える。根拠法、業務分野、情報収集手法、活動実態等々の点で、世界的に見ても、ユニークな〝情報機関〟である。日本が民主主義国家である以上、特務的活動を行う諜報機関は必要ない、公安庁程度の活動で十分であると思われる方もいるだろう。新たな世紀を目前に控えて、そもそも情報機関の存在意義自体が著しく希薄化しているのではないか、という大胆な問題提起をすることも可能であろう。一方、冷戦後の国際社会を生き残るためには、先般のキルギスでの人質事件を見るまでもなく、やはり一定以上の情報力が不可欠であることも否めない感がある。

果たして、公安調査庁が、二一世紀の日本において、情報機関の務めを果たすことができるのか、読者諸兄の判断を仰ぎたいところである。

*

帰国後の平成一〇年七月八日、私たち研修生は、ＣＩＡ東京事務所の招待により、懇親会に招かれた。場所は、港区南麻布にある「××ホテル」である。××ホテルはアメリカ政府関係者が利用する一種特殊な空間なのだという。
出席者は全部で一三名で、内訳は左のとおりであった。
•公安庁側（一〇名）
松田二部長、那須二部二課長、植野二部二課総括、研修生六名（西野女史は遠隔地につき不参加）、CIA連絡担当官宍戸氏
•CIA側（三名）
R・I駐日副所長、Q駐日渉外官、ジェームズ・サトウ氏（R・M駐日部長が出席する予定であったが変更）
CIA駐日副所長は、幾分線の細い神経質そうな人物だった。前線部隊である工作員の現場責任者というよりは、どちらかと言えば学者然とした感じがする。Q氏が話していたとおり、浜崎団長とよく似ていた。
研修の感想、謝辞などを述べ、和やかな雰囲気で会食は進められた。会食は午後六時三〇分ころから八時三〇分ころまで続いた。
宴席半ばで、一人ずつ研修の修了証が授与された（本書カバー絵参照）。
パーティーが終わった後は、幾分高揚した気分であったことを思い出す。日比谷線広尾駅まで向かう間、ほかの研修参加者と、今後の抱負などについて語りあった。浜崎団長と、八重崎氏と私の三人は、いったん、霞が関の庁舎まで戻った。霞が関は零時を回っても、煌々と蛍光灯が灯

っているが、法務省はこの時間だと光もまばらだ。

合同庁舎六階二部一課のオフィスでは、二、三名の職員が残業についていた。缶ビールを空けながら、三人でしばらく雑談に耽った。話題はつきなかった。短かったが有意義だった研修の思い出、公安庁の現状などについて、放歌高吟というところだったろうか。思い出に浸りつつも、ごく一部ではあるけれどもＣＩＡの姿を垣間見て、公安庁にいかに改革すべきことが多いか、それがどれだけ困難なのか痛感せざるを得なかった。

……そのとき、私は、その後の自分の運命を知る由もなかった。

# 参考資料

## 〈資料Ⅰ〉研修参加者募集依頼

公調人発305号
平成10年4月3日

本庁各部長　殿
研修所長　殿
各公安調査局長　殿

公安調査庁総務部長

米国中央情報局情報分析研修の参加者募集について（依頼）

標記について、別添要綱に基づき、研修候補者を推薦願いたい。

なお、「情報分析研修受講申込書」については、4月22日（水）まで当職あて提出願いたい。

## 米国中央情報局情報分析研修派遣職員選考要綱

1　研修の名称
　米国中央情報局情報分析研修

2　研修主催者
　米国中央情報局

3　研修目的
　米国中央情報局が行う短期研修で、米国の友好諸国において、情報関係業務に携わる職員のために、情報収集・分析管理に関する知識及び技能の向上を目的として行われている。

4　研修期間及び場所
　平成10年6月12日（金）～同年6月24日（水）

5　研修予定科目
- 分析力・技能の強化（演習を含む。以下同様）
- 機能的な報告書の作成
- 情報の活用策
- 効果的な説明方法
- その他

6　研修員
(1)　予定数
　6～7人
(2)　資格
　当庁での在職期間がおおむね5年以上であり、担当分野の調査分析について専門的知識を有するとともに、英語による日常会話ができる程度の語学能力を有している職員であること。
(3)　選考方法
　①　研修参加希望者は、別添「情報分析研修受講申込書」に必要事項を記載し、監督者が意見を書き込み書名捺印の上、平成10年4月22日（水）までに本庁総務部長（人事課長）あて提出すること。
　②　研修参加希望職員に対しては、平成10年5月8日（金）に英語試験及び面接試験を実施する（面接の詳細は後日連絡する）。
　③　研修員の決定は、試験の成績等に基づいて行う。

## 情報分析研修受講申込書

平成　年　月　日作成

| | | | |
|---|---|---|---|
| （ふりがな）<br>氏　　名 | 印 | 生年<br>月日 | 昭和　年　月　日<br>（　　歳） |
| 所属部局課<br>及び職名 | | | |

現在の担当業務（出来るだけ詳しく書いて下さい）

| | | | |
|---|---|---|---|
| 英語力 | 試験名 | 点数等 | 日米会話学院英語研修<br>年　月～　年　月 |
| | 研修所主催<br>英語能力試験 | | |
| | TOEIC | 点 | |
| | TOEFL | 点 | その他 |
| | 英　検 | 級 | |

本研修の受講希望理由
（別紙１に英文で出来るだけ具体的に抱負等を書いて下さい。別紙２には、別紙１の日本語訳を書いて下さい。）

監督者意見

## 〈資料Ⅱ〉選考試験

公調人発第376号

平成10年４月24日

公安調査庁調査第二部長殿

公安調査庁総務部長

福　原　暎　治

情報分析研修受講職員の選考試験の実施について

標記試験を平成10年５月８日（金）に実施するので、受講を希望する下記の貴管下職員を受験させられたい。

なお、別紙「試験案内」を受講者に配付願いたい。

記

（省略）

事　務　連　絡
平成10年４月24日

情報分析研修受講希望者各位

公安調査庁総務部人事課

情報分析研修受講者選考試験について

標記試験は、下記の要領で実施します。

記

1．日時及び会場
平成10年５月８日（金）
9：50　本庁８Ｆ人事課に集合
10：00～11：30　英語ヒヤリング試験（本庁６Ｆ調査第二部会議室）
13：30～15：30　面接試験（本庁８Ｆ特別会議室）

2．携行品
筆記用具

3．試験概要
(1)　ヒヤリング
英文テープを聴取し、内容についての理解を問う（実質約１時間）
(2)　面接
本庁総務部長、調査第二部長、人事課長、調査第二部第二課長による面接。受験者１人当たり10分程度。なお、冒頭に、自己紹介、受講希望理由等について２～３分のスピーチ（英語）を求める。

**〈資料Ⅲ〉** 研修辞令

# 人 事 異 動 通 知 書

| (氏　　名) | (現官職) |
|---|---|
| 野　田　　敬　生 | 法務事務官<br>公安調査庁調査第二部<br>(第一課主任調査官) |

(異動内容)

アメリカ合衆国に出張を命ずる

出張期間は平成１０年６月１２日から

同年６月２４日までとする

平成１０年５月２６日

公安調査庁長官　　豊　　嶋　　秀　　直

## 〈資料Ⅳ〉平成五年度研修報告（摘要）

（以下は平成五年度研修報告の摘要である。研修初年度だけに、さすがに力が入っている。一〇年度よりも充実しているように感じられる部分もある。本文と読み合わせれば、研修の全体像がより明らかになるだろう。なお、本文と同様、ＣＩＡ側担当者氏名は仮名とした。）

ＣＩＡ情報分析研修結果報告

平成五年十月一日

1　目的

ＣＩＡ情報分析研修を米国現地で受講させることで、本庁及び関東公安局の若手調査官の情報分析能力を向上させるとともに業務改善の知識を得させ、併せて、ＣＩＡと当庁間の協力関係増進の一つの契機とすること。

2　研修員

総務部審理課専門職、同国際渉外室上席専門職、同上席調査官、二部一課上席調査官、二部二課上席調査官、二部国際渉外室主任調査官、研修所教頭、関東局二部二課上席調査官の八名

3　期間

平成五年八月二七日から九月一〇日までの一四日間（ただし、五月五日から八月一八日までの間、ほぼ十日おきに、CIAのS連絡官を講師に全研修員が参加して事前勉強会を実施した）。

4　研修日程（略）

5　研修実施概要

八月三〇日（月）

○　CIAの組織・機構（八：三〇～九：三〇）――広報担当官K・S女史

配付資料に基づき、CIAの組織・機構等について説明。

○　オリエンテーション（九：四〇～一〇：〇〇）――教育・訓練部J・P教官（上級分析官）

教科書の配付の後、本研修の全体の構成、進め方について説明。

○　分析の使命の理解（一〇：一五～一一：五五）――J・P教官

情報を凝縮する方法（概念化）について説明を受ける。概念化が本コース全体を貫くテーマ。

○　昼食（一二：〇〇～一三：〇〇）

○　概念化のプロセス（一三：〇〇～一五：〇〇）――J・P教官

「タイトル」は読み手との契約で、何について書くかを明確にすること。「フォーカス」とは分析に必要な最も重要な部分を取り上げ、不必要な部分を省き、読み手の要求に最大限応えるように情報を凝縮、結晶化すること。「ケース」とは、論拠の展開であることなどについて説明。

○　政策決定者のニーズに焦点を合わせる（一五：一〇～一六：三〇）――J・P教官

政策決定者は極めて多忙で、レポートを読む時間は限られている。したがって、レポートはできるだけ短く、最初の数行を読めば、要点が分かるように書かれていなければならないと強調。

八月三一日（火）

○ 演習（1）、分析レポートの作成（1）（八：三〇～一二：〇〇）――J・P教官

ニューズウィークの記事を読み、その統合文（要約）を英文で簡潔に書けという内容。

○ 昼食（一二：〇〇～一三：〇〇）

○ 演習（2）、分析レポートの作成（2）（一三：〇〇～一六：三〇）――J・P教官

午前の演習よりも一歩踏み込み、より複雑な生情報を使って、一つの完結した分析レポートを作成する作業。生情報（架空の国 San Cancun での麻薬取引状況について事実と判断を記したもの）が題材。

九月一日（水）

○ 演習（3）、分析レポートの作成（3）（八：三〇～一二：〇〇）――J・P教官

昨日の演習よりさらに進めて、長文の生情報として、レーガンの演説を読んで、昨日と同様の作業。

○ 昼食（一二：〇〇～一三：〇〇）

○ 演習（3）、分析レポートの作成（3）（一三：〇〇～一五：〇〇）――J・P教官

午前の演習の続き。

○　意見交換（一五：一五～一六：三〇）——元ＣＩＡ東京支所幹部Ｈ・Ｈ氏

この七月まで駐日米国大使館一等書記官として勤務しており、分析局に分析官として勤務した経験のあるＨ氏と意見交換。トピックは、中国、ロシア、国際テロリズム、日本赤軍など。「冷戦後の逆風の中で、ＣＩＡは経済問題をインテリジェンスの対象に含めるようになったと聞いているが、どうか」との質問に対しては、個人的な見解とした上で、「特定の企業に肩入れすることになる危険性が大きい」ので、消極的な意見である旨回答。

九月二日（木）

○　代替分析・機会分析（八：三〇～一二：〇〇）——Ｊ・Ｐ教官

•伝統的分析

今まで説明してきた分析方法。

•代替分析

伝統的分析が間違っている可能性があるとき、他の可能性を提示。政策決定者が、ある可能性のある事態に対して準備するための分析。

•機会分析

代替分析の特殊な形態。政策を提言したり、すでに決定した政策を成功させる機会を政策決定者に与える分析。機会分析は政策決定をせず、〝政府からの独立〟を堅持するＣＩＡが長年培った「自己防衛」のための知恵である。

○　昼食（一二：〇〇～一三：〇〇）

○　Warning Report、仮説を競合させる分析（一三：〇〇～一六：三〇）——情報分析局R・G上級分析官

氏は、情報分析局に二五年間在籍するベテラン分析官で、アジア、欧州、太平洋地域、軍事、経済等の諸分野に造詣が深い。

• Warning Report

大統領、安全保障担当閣僚などの政策決定者に対し、米国に重大な影響を及ぼすと思える問題に関する「警告」を与えることである。その対象は、軍事、政治、戦争だけでなく、自然災害まで、米国にとって好ましからぬ事象を含む。

これまでに、米ソ間のミサイル保有数、第四次中東戦争及びイラン革命の可能性などがある。

VTR上映——フィリピンのピナツボ火山の噴火に際しての Warning Report の成功例

• 仮説を競合させる分析

情報を分析する際に、いくつかの仮説を打ち出してこれを相互に戦わせてその本質を見抜くという方法。

——マトリックスによる分析

それぞれの仮説について根拠情報を照らし合わせ、その可能性を＋－の記号で表して、どの仮説の可能性が高いかを探る分析の手法。

九月三日（金）

○　人事管理（八：三〇～一一：五〇）――情報分析局東アジア分析部M・P部長

主に情報分析局（DI）の人事管理を説明。

・雇用

DIの採用者は高学歴。三分の二が修士または博士で三分の一が学士。専攻は、歴史、経済、コンピュータ、外国語、物理、工学など多岐にわたっている。個人の望ましい資質としては、情緒的安定、柔軟性、自信、秘密保持、外国語能力、異文化の中で生活できる能力など。採用する大学は全国から。給与は、上級分析官で六～七万ドル程度。

・研修

分析官の研修には、研修所での集中的研修、外国語の研修、専門分野研修（軍事、ロシア、統計コース等）、他の官庁のコースへの参加、大学のコースへの参加などがあり、外国旅行を奨励している。しかし、最も重要な研修は、仕事を通じた研修（OJT）である。

・分析官に必要な能力

専門知識、作文能力、ブリーフィング能力（効果的な報告）、対人能力の四つが必要。最近は、特にブリーフィング能力が重視されている。

・昇進のポイント

専門知識を広め、自分の仕事を直されずにやれると共に、イニシアティブをとれ、多くの責任を喜んで引き受けること。

・人事評価

評価について大事なことは、公正さ、定期的なフィードバックと、常日頃から評価を伝えておくこと。

・文書による評価

一年間、半年間の文書評価、年末に二つの文書を作成。いずれも部下が自ら評価したり、上司の評価をみせるなどの民主的制度を含む。

○　昼食（一二：〇〇～一三：〇〇）

○　ブリーフィングの方法（一三：〇〇～一四：〇〇）――J．P教官

かつてJ・P講師の上司でもあったM・P部長の午前中の講義を細部にわたり具体的に批評しながら、あるべきブリーフィングの方法を具体的に解説。

○　研修総括（一四：一五～一五：三〇）

研修評価。

6　CIA本部訪問及び協議会の状況

九月七日（火）

○　本部訪問（一〇：三〇～一二：〇〇）――作戦局日本課H課長補佐他

CIAは、創設当時、学界出身者が多かったので、大学のキャンパスの雰囲気を模して造られ

たとのこと。

・オペレーション・ルームの状況

本館七階、一〇〇平方メートル程度のスペース。

――国際情勢監視部門

国際情勢全般を二四時間態勢でモニターし、緊急事態発生時に直ちにCIA幹部及び担当部門に報告・連絡する。「東アジア・太平洋」「中東・南アジア、テロ」「欧州」「ロシア、武器拡散」「中南米・アフリカ、麻薬」ごとに一人の担当官が、商業用データベースと政府部内のデータベースをパソコン画面で監視し、CNNなどのテレビ放送を常にモニター。四班が一二時間交替勤務。

――日報作成部門

日曜日を除く毎日、政府高官に配付する国際情勢の取りまとめ資料（National Intelligence Daily）の編集を担当。朝配付するために夜勤務している。

――科学技術部門

一切説明なし。数人が勤務。名称から、衛星写真、通信傍受などの情報に基づく情勢監視担当部門か。「衛星からの情報はリアルタイムで利用できるのか」との当方の質問には「答えられない」との返答。

○　昼食（一二：〇〇～一三：〇〇）

○　協議会（一三：一五〜一七：四五）――作戦局H課長補佐他

・北朝鮮指導部について（情報分析局リーダーシップ分析部A女史）

――金正日の性格について

欲しいものは何でも手に入れないと気が済まない性格。情緒不安定、他人を信用しない。こうした性格が私生活だけでなく対外政策にまで反映。

――北朝鮮指導部内の現実主義者について

代表例としては、姜錫柱（外交部第一副部長）、金達玄（副総理、国家計画委員長）、金溶淳（党書記）らがいるが、指導部内の実行力には限界。

――金日成、金正日の健康問題

金日成は高齢だが、特に深刻な病気等はなく、今後五年以上存命する確率は五〇パーセント以上。金正日は、飲酒、太り過ぎ、などのため、健康面の問題はありそう。神経衰弱の可能性あり。

・最近における北朝鮮の動向の注目点（作戦局分析官H氏）

――矛盾する内外動向

金正日への権力委譲を企図しながら、今年になって金日成の出現回数はむしろ増加し、反対に金正日は余り出現しなくなった。

――対外活動の縮小傾向

世界的に北朝鮮の大使館の閉鎖または規模の縮小などの動き。

――外部からの思想的影響の排除

これまで行っていなかった中国の放送に対する電波妨害を昨年から開始。

・北朝鮮の情報機関について（作戦局分析官S女史）

――主な情報機関

労働党関係

統一戦線部、調査部（要員の訓練、送り込み）、社会文化部（韓国内スパイ組織構築など）

政府関係

国家保衛部、社会安全部

軍関係

総参謀部偵察局

――北朝鮮の国外テロ組織との関係

最近は、北朝鮮の国際テロ組織に対する具体的な支援事実は確認できない。しかし、依然として幾つかの国際テロ組織との連絡（リエゾン）を維持していることは間違いない。

・研修員側のブリーフィング

――北朝鮮関係（T. S）

北朝鮮が、最近、雷、虹などの自然現象の生起を捉えて金正日賞賛宣伝に利用し始めていることを紹介。そのイデオロギーがますます伝統的思考に根ざしたものになりつつあることなどを指摘。

――中国関係（T．K）

経済過熱のため、高インフレ、幹部の汚職、農民の反動的動きが顕在化しつつあることなどを指摘。鄧小平後をにらんだ中国情勢の大きな不安定要因として、同問題への注目の必要性を強調。

――ロシア・本国事情（Y．K）

ロシア政局の今後の推移について三つのシナリオを示し、これらの比較検討を行った上で、大統領及び議会の双方とも決定的な力に欠ける現状では、当面、軍事力を伴う政局激変の可能性は少ないとの展望を提示。

――ロシア・対日関係（A．M）

①「北方領土ビザなし渡航」をめぐるロシア側治安関係者の不穏動向。
②ロシア治安当局の我が国治安機関に対する非公式打診の動き。
③我が国における科学技術情報収集活動の最近の特色について説明。
④我が国右翼団体とロシア在日公館の交流について説明。

――日本赤軍関係（K．I）

北朝鮮在住の「よど号」グループを介した日本赤軍と北朝鮮の連携状況及び今後の関係強化の可能性、日本赤軍の最近の組織再編動向及び日本国内支援者との連絡状況などについて説明。

――国際テロ関係（M．A）

スリランカ国内において分離独立運動を進めるテロ組織「タミール・イーラム解放の虎（LTTE）」の組織、活動の概要、特徴点（麻薬、武器密輸）などを紹介し、その今後の危険性を指摘。

○　研修修了証の授与（作戦局日本課長G女史）

研修生全員に研修終了証を授与。当方側からは、謝辞を述べるとともに、関係者への記念品を手渡した。

7　CIA側の関心、対応

研修及び協議会等を通じて得たCIAの当庁に対する関心は、北朝鮮問題に集中した。これは、北朝鮮の一連の核開発疑惑のほか、朝鮮総聯を通じて情報を収集し、分析している当庁の力量が評価されていることの表れと理解された（著者注：ただし、一九九四年に機密解除された、CIA作成にかかる"Studies in Intelligence" 六三年夏号レポート「新日本の情報」では、「公安調査庁は全国単位の調査機関だが、情報分野の効率の面で本来的な弱さを持っている」「同庁はよく、みずからを『日本のFBI』と称しているが、実態はそうではない」などと指摘しているようである。レポートは、さらに、「根拠法たる破防法に限界のあること、幹部が情報官としての訓練を受けていない検事によって占められていること、ライバル関係にある警察庁が圧倒的な優位にあること、などの事情により、調査業務も円滑に進んでいない」旨指摘しており、公安庁をかなり厳しく評価している模様である）。

ＣＩＡ側の対応については、先ず、研修を担当していたＰ教官や研修で講義した情報分析局の上級分析官、東アジア部長等が、冷戦後の世界の秩序維持には日米間の協力が不可欠との立場から、いずれも非常に好意的な態度を示した。

また、今回の研修の直接の窓口となった作戦局日本課の関係者も同様の態度を示した。特に、Ｈ課長補佐などは、日曜日の午前中および夜の自分の時間を充ててマウント・バーノンとワシントンＤＣの観光ツアーを買って出てくれるなどの好意を示してくれた。ただ、作戦局は、情報分析局に対抗意識があるのか、我々を自分等とだけ接触させておくために囲っているように感じられる場面もあった。

〈資料Ｖ〉平成八年度研修参加者の感想

○　所感（本庁調査第二部第二課Ｍ・Ｎ）

1　有益な研修

実質の研修が五日間、ブリーフィング・質疑応答が一日と、正味六日間の研修だったが、内容は非常に充実しており、しかも、ホワイト・ハウス、議事堂、ＦＢＩ内部等を含め、様々な重要施設等の見学を少ない時間に滑り込ませたために、非常に中身の濃い出張だったと思う。宿題も多く、本職の場合、研修期間中で午前二時より前に寝たことはなかった。

駐日機関員のQ氏には、ワシントンの空港に着いてから、研修を終えてそこを離れるまで、大変お世話になった。特に、移動については、全員がゆったり乗れる大型ワゴン車（レンタカー）をQ氏が運転して、希望する所へどこへでも連れていってもらった。

非常に恵まれた研修であるから、今後も同僚が受講できればと強く思う一方、あまり世話になりすぎたような感じもする（研修員が遠慮できるようなものでもなく、そのように初めからセットされている）。ワシントンの地でこの研修を受けることに意味があるという面もあるので、継続しながら、数回に一度は講師を我が国に招くということを考えてもよいのではないか。ご検討をお願いしたい。

なお、研修は、一方的に講師が話したのをノートに取るというものではなく、対話であり、演習であるため、英語でしかできないものである。通訳の入り込む余地はないと感じた。

2　分析官と工作員

本部を訪問した九月二三日、朝から午後まで、分析官約一〇人のブリーフィングを聴き、質疑応答があったが、学者のようなこれら分析官が工作を担当する姿をとても想像できない。事実、分析官は分析官、工作員は工作員で、全く別の人々という。人間の適性が限られたものであることを前提とすれば、いいシステムである。規模が大きいから可能という側面もあるが、それだけでもないだろう。

一方、我々の面倒を一手に引き受けてみてくれたQ氏は、工作畑一筋という。聡明で、機転がきき、何でもできそうなタイプである。

非常に困難な業務をこなさなければならない場合、組織はその職員の能力を最大限に活用しようとするであろう。こうした状況では専門化が進む。たとえ専門化が硬直化を招こうとも、相当レベルに専門化されていなければ、現実世界で競争しながら組織が機能していくことはできない。当庁は大丈夫か。

## 3 ＣＩＡとＦＢＩ

ＣＩＡは、徹底して人、組織、活動等について秘密を守る。ＦＢＩは、「ＦＢＩ」と大きくプリントされたジャンパーを着て職員が外で働いているし、米国民向けに本部内の見学ツアーを実施してもいる。ＣＩＡは、強制権限を持たない情報機関であり、ＦＢＩは強い強制権限を有する法執行機関である。他の面では、ＣＩＡが広大なラングレーの敷地に「独立国」を有しているのに対して、ＦＢＩの本部は、町中の普通のビル（外見）にすぎない。

ＣＩＡ職員が社会の裏側に張りついて、豊富な知識と金と勇気を頼りに、ひそかに大規模な作戦を日々展開しているのに対して、ＦＢＩ職員は、果敢に問題に直進し、鋭敏な感覚を強大な権限に載せてスマートに的を突き刺す。

さて、当庁は、団体規制を担当する法執行機関であり、本来はＦＢＩ的な機関なのだろうが、強制権限がないため、どんどん後に下がって、ＣＩＡのような秘密情報収集活動に徹している。しかし、ＣＩＡのように職員数が多く、予算が十分あるというわけではなく、大規模な工作を展開しているわけでもない。分析、工作の専門化育成も、ＣＩＡのように徹底していない。ＣＩＡもＦＢＩも、当庁のモデルになりうるわけではない。しかし、特殊化したこれら二機関と当庁を比較することにより、当庁の姿がより鮮明に見えてくるような気がする。

○　米国での情報分析研修に参加して（本庁調査第二部第四管理官室Ｈ・Ｓ）

今回の情報分析研修は、五日間で、情報分析手法の検討、情報分析の演習、研修員が自発的に選んだ分析事例についてのプレゼンテーションを行い、また別に一日をとって先方機関との協議を行うという、内容的に非常に密度の濃い有意義なものであった。

研修の眼目は、現場から上がってくる生の情報をいかに正確、的確に分析し、簡潔に要領よく、政策決定者に対し提出するかについての技術の習得にあった。

これを大きく具体的に二つに分けていうと、（１）与えられた情報に適切なタイトルを付け、英文で七五ワードに要約する訓練及び、（２）マトリクスを使った意思決定の手法の習得である。

（１）は例えば、米国の友好国で起こった同国大統領暗殺未遂事件に関して、報告を受ける米国大統領の関心事は何か、あるいは、離陸前のフィリピン発成田行き航空機の機内で大量の銃器が発見された事例について、空港の安全保障担当者に報告すべき事項は何かなどという観点から、元の情報を要約するものである。これは当庁において、全国から集まってくる情報をいかに取捨選択して資料化するかにかかわる技術であり、参考にすべきところが多かった。

（２）に関しては、選択可能なオプションの各々について、重要度を付加した評価基準を複数用意し、マトリクスを使った演算でオプションに優先順位を付ける手法など、三つの手法を教授された。例えば、これは実際の研修で使われた事例ではないが、イラクがクルド人自治区に侵攻した場合、縦軸に、傍観、経済制裁、洋上からのミサイル攻撃などのオプションを設定、横軸にはコスト、同盟国からの支持、国内の大統領支持率などの要素を重視すべき順に重みをつけて設定し、各要素ごとにオプションの優劣を数値化し、重みとの積を算出することにより、最適解を求めるというものである。

これは、軍事作戦を含む、まさに政策決定の際に使われるべきものであって、情報官庁と政策官庁を峻別しているはずの米国で、先方機関が友好国の情報機関にこれを講義するというのも少し奇異に思われたが、講師の説明によれば、マトリクスはレポートの質を高めるための手段でありマトリクス自体をレポートに出すことはないとのことであった。

しかし実際のところは、先方機関が海外で単なる情報活動以外に、独自の軍事的作戦も行っていたころの名残か、あるいは現在もそういう活動を行っていることが背景にあるのではないかと感じた。また、彼等が実際には、紙と鉛筆を使ってマトリクスを組んでいるのではなく、時間軸など他の要素も加えて、コンピュータ上でリアルタイムに解析を行っているであろうことは、想像に難くないと考える。

最終日の協議においては、先方機関がイスラム過激派の国際的ネットワーク及びこれら国際的テロ組織が資金源としている麻薬問題に関し、いかに高い優先度を置いているかが特に強く印象に残った。

私は個人的には、麻薬問題について最も重要なのは、コカなどの麻薬作物を栽培している農民が農地を転作できるよう、現地政府が援助することであると考えている。ペルーのテロ組織・センデロ・ルミノソの調査を行っていた際、麻薬取引で大きな利益を得ているのはブローカーやテロ組織であって、農民はただ生計を立てるためにコカやケシの栽培をしているだけであるという話を聞いていたからである。しかしこの協議を通じて、例えば日本政府のＯＤＡが転作援助に使われるような場合には、主義主張と全く無関係な次元で、日本がテロ組織の標的になることは確実であろうと感じた。従って、日本への麻薬流入に直接関わりのない地域であっても、常に注視・分析していく必要があると痛感した。

この他、本部表敬の際、相手方機関が自前の原発を持っており、商用の電源に一切頼っていないということを聞いた際には、彼我の違いを感じた。

最後に、今回このような研修の機会を与えていただいた関係者の方々に感謝するとともに、研修の講師であるＷ氏、ワシントンで我々が研修に専念できるよう配慮して下さったＱ氏、Ｓ氏、ジェームズ・サトウ氏に心からお礼を申し上げたい。

## 〈資料Ⅵ〉 外国の情報機関との情報交換に関する国会答弁について （公安庁作成）

昭和三二年三月に「できる限り密接な連絡をとり情報交換している」旨の答弁があるが、以後は、「外国機関とは関係ない」旨の答弁を行っている。

国会答弁内容の要旨は次のとおりである。

○ 昭和三二年三月三〇日参議院予算委員会、高橋次長答弁

〈外国情報機関との連絡関係――会議録一三二頁〉

・諸外国の情報機関とはできる限り、密接な連絡をとり、情報交換をしている。

〈質疑の背景〉

・当庁予算額に関連して外国機関との連絡についての検討如何を問われた。

○ 昭和三二年五月一五日衆議院外務委員会、藤井長官答弁

〈アメリカ治安機関との連絡関係――会議録一五六頁〉

・当庁の業務を遂行する上において、アメリカ側から何ら指示を受けていない。

〈質疑の背景〉

・公安庁の活動とアメリカの特務工作の関連性を追及された。

○ 昭和三九年五月一二日衆議院外務委員会、関次長答弁

〈CIAとの協力関係――会議録五七三頁〉

・公安調査庁はＣＩＡとは何ら関係ない。
・外国の諜報機関とは連絡はない。
・検察もＣＩＡとは何ら関係ない。

〈質疑の背景〉

・麻薬に関する単一条約締結に関する質疑において質問。

○　昭和四二年三月二八日衆議院予算委員会、吉河長官答弁

〈ＣＩＡとの関係――会議録六二七頁〉

・公安調査庁はＣＩＡとは関係ない。

〈質疑の背景〉

・三次防に関する質疑において質問。

○　昭和四三年三月二九日衆議院法務委員会、宮下次長答弁

〈外国機関との情報連絡の方法――会議録六九七頁〉

・外国機関とは関係ない。
・外国機関の者が当庁視察（表敬訪問）に来た場合、話し合うことはある。
・外国との情報連絡は外務省を通じてやる。

〈質疑の背景〉

・旧三重地方公安調査局職員による調査活動について追及する際に質問。

○　昭和四四年六月二四日衆議院内閣委員会、吉橋長官

〈ＣＩＡとの関係――会議録七三九頁〉

・公安調査庁は、ＣＩＡその他外国の情報機関と関係ない。

〈質疑の背景〉

・防衛庁の情報機構と他の国内情報機関との関係に関する質疑において質問。

○　昭和五二年八月二四日衆議院決算委員会、谷二部長

〈外国の調査機関との協力――会議録一〇四一頁〉

・外国の情報機関その他と協力あるいは情報交換しなければ、役所の任務を達成できないということはない。

〈質疑の背景〉

・金大中氏拉致事件に関連しての質問。

○　昭和三七年二月二八日衆議院外務委員会、関次長

〈韓国情報部長と公安庁長官の会談――会議録四一二頁〉

・長官が金部長と会談したのは、友人としての儀礼的なもので、関次長が同席した。

・長官が私的に韓国の高官（金部長）に会うことは自由で、職務権限違反にならない。

・会談の内容は、健康の話を中心として、来日までに歴訪した国々の状態などについて。

〈質疑の背景〉

・来日した韓国情報部長が公安庁及び内閣調査室関係者と面会した事実関係を問われた。

○　昭和四八年八月二四日衆議院法務委員会、川井長官答弁

〈韓国中央情報部と公安庁との関係――会議録九六八頁〉

・調査対象団体についての調査は、終始一貫して我が庁独自の立場で行う方針を堅持しており、総聯の調査においても韓国中央情報部との連絡や手助けを得て調査するということはない。

〈質疑の背景〉

・金大中氏拉致事件に関連しての質問。

○　昭和四八年八月三〇日参議院法務委員会、田中法相答弁

〈韓国中央情報部と公安庁との関係――会議録九八二頁〉

・いつかの機会にＫＣＩＡと情報交換があると発言したが、その後の調査の結果、そういう事実はない。公安調査庁は任務が違う。

〈質疑の背景〉

・金大中氏拉致事件に関連しての質問。

○　昭和四八年八月三〇日参議院法務委員会、渡辺次長

〈韓国中央情報部と公安庁との関係――会議録九八二頁〉

・公安調査庁は独自で調査を行っており、朝鮮総聯の調査に当たっても、韓国中央情報部と連絡をとって調査をすることはない。

〈質疑の背景〉

・金大中氏拉致事件に関連しての質問。

○　昭和五二年八月二四日衆議院決算委員会、谷二部長

〈韓国中央情報部との関係——会議録一〇四一頁〉

・公安調査庁と韓国中央情報部との関係で、秘密協定を結んでいる事実はない。

〈質疑の背景〉

・金大中氏拉致事件に関連しての質問。

野田敬生《のだひろなり》
東大文学部言語学科中退後、
平成六年公安調査庁入庁。
平成一〇年ＣＩＡ情報分析研修修了。
著書に『溶解する公安調査庁』（現代書館）
『お笑い公安調査庁』（現代書館）
（いずれもペンネーム）がある。

ＣＩＡスパイ研修
――ある公安調査官の体験記――

二〇〇〇年三月二十日　第一版第一刷発行

著　者　野田敬生
発行者　菊地泰博
発行所　株式会社　現代書館
東京都千代田区飯田橋三―二―五
郵便番号　102-0072
電　話　03（3221）1321
ＦＡＸ　03（3262）5906
振　替　00120-3-83725
写　植　一ツ橋電植
印刷所　平河工業社（本文）
東光印刷所（カバー）
製本所　矢嶋製本

http://www.gendaishokan.co.jp/
制作協力・岩田純子
 ISBN4-7684-6774-1
定価はカバーに表示してあります。乱丁・落丁本はおとりかえいたします。